让孩子为自己而学

——激发孩子学习动力的秘诀

马紫月 著

人民卫生出版社

·北京·

图书在版编目（CIP）数据

让孩子为自己而学：激发孩子学习动力的秘诀/马紫月著.—北京：人民卫生出版社，2020.10

ISBN 978-7-117-30566-2

Ⅰ.①让… Ⅱ.①马… Ⅲ.①学习兴趣－儿童教育－家庭教育 Ⅳ.①G782 ②G442

中国版本图书馆 CIP 数据核字（2020）第 186068 号

人卫智网	**www.ipmph.com**	医学教育、学术、考试、健康，购书智慧智能综合服务平台
人卫官网	**www.pmph.com**	人卫官方资讯发布平台

让孩子为自己而学——激发孩子学习动力的秘诀
Rang Haizi Wei Ziji er Xue—Jifa Haizi Xuexi Dongli de Mijue

著　　者：马紫月
出版发行：人民卫生出版社（中继线 010-59780011）
地　　址：北京市朝阳区潘家园南里 19 号
邮　　编：100021
E - mail：pmph @ pmph.com
购书热线：010-59787592　010-59787584　010-65264830
印　　刷：北京顶佳世纪印刷有限公司
经　　销：新华书店
开　　本：889×1194　1/32　　印张：9
字　　数：202 千字
版　　次：2020 年 10 月第 1 版
印　　次：2020 年 12 月第 1 次印刷
标准书号：ISBN 978-7-117-30566-2
定　　价：49.90 元

打击盗版举报电话：010-59787491　E-mail：WQ @ pmph.com
质量问题联系电话：010-59787234　E-mail：zhiliang @ pmph.com

写给家长们的话

如果把当父母作为一项职业，那么这个职业恐怕是当今这个时代每周工时最长（全天候提供服务，远远超过时下盛行的"996"工作时间），工作压力最大（除了保证孩子最基本的衣、食、住、行之外，还要培养孩子的各种社会技能，随时应付老师给家长布置的陪学作业，接送孩子参加各种课外班以提升竞争力，陪孩子应对各种测试、竞赛，购置学区房，挤破脑袋把孩子塞进最好的学校，想方设法地为孩子提供最好的资源……），焦虑感最强（随时随刻担心孩子会在竞争中落败）的工作，没有之一。

我在研究儿童心理和学习能力的这17年里，几乎所有工作时间都被来自父母们的各种焦虑所填满，而在这些焦虑中，有2/3都是关于孩子学习问题的。

◆ **教了好多遍，孩子怎么还是学不会？**

——"最近真是要被孩子气死了，最简单的'和倍问题'应用题，整整一个晚上，掰开了、揉碎了给她讲，却感觉她根本没有听进去！现在网上有那么多家长因为辅导孩子学习而着急住院的新闻，我感觉自己也快了。现在她才小学三年级，学习就已经这么费劲了，等再过两年，我辅导不了了，她还不得考0分啊！"

◆ **贪玩、磨蹭、注意力不集中……孩子的毛病怎么这么多？**

——"说实话，我的孩子真的找不出有什么优点。让他写个作业，总是磨磨蹭蹭的，你说他一下，他写两个字，稍一不看着他，一块橡皮、一个铅笔头，甚至几张小纸片他都能玩上半天。要说他有什么特长，就是只要能逃避学习，什么东西都能被他开发成'玩具'。明明只要用1个小时就能完成作业，然后就可以痛痛快快地去玩，他偏要把时间白白磨蹭过去，注意力连5分钟都不能保持集中，照这样下去，将来什么学校也考不上啊！"

◆ **别人的孩子都……我家孩子竞争不过别人怎么办？**

——"都说现在孩子的负担重，就像我女儿，每周除了周日下午没课，用来写作业外，几乎都被课外班填满了，虽然也知道她辛苦，可现在哪个孩子不是要报七八个课外班？周围的孩子都在补英语、学奥数、学编程，要是咱们孩子不学，不就要落后了吗？而且，现在每个孩子还都会学点乐器、舞蹈什么的，要是我的孩子什么才艺都没有，将来要怎么跟别人比呢？只能劝孩子咬牙再坚持一下，吃得苦中苦，方为人上人。"

◆ **孩子又要考试了，如临大敌！**

——"感觉现在孩子们的考试怎么这么多？我儿子刚上初一，就面临着各种单元测验、周考、月考、期中考、期末考、英语口试……每次考试完，就算年级不排名，班级也要排名，家长们一点劲儿也不能松，你一松劲儿，孩子就会跟着松，成绩也会立马往下掉，到时老师在家长群一公布排名，只要孩子后退几名就会非常扎眼，我不信有几个家长看后还能坐得住！"

◆ **孩子上不了名牌大学，说明我没尽到为人父母的责任。**

——"我常常和孩子说，你现在学得苦一点、累一点，是为了你将来的生活能够不苦、不累，过得幸福。现在你会埋怨我逼着你学习，将来等你考上好大学，你就会感谢我的。如果我没有逼孩子努力学习，到时如果孩子真的没能进入名牌大学、有个好前途,那么我一定会非常自责,这说明是我没有尽到做父母的责任。"

通过这些年和父母们的交流,我发现,大部分父母关于孩子学习的问题主要集中在两点:①为什么要让孩子努力学习;②努力学习的标志是什么。而针对这两个问题,多数人公认的标准答案是:①努力学习,是为了孩子能考上名牌大学,只有这样,才能在未来的激烈竞争中取胜,找到理想的高收入工作,获得幸福的人生;②努力学习的标志,更多是体现在优异的学习成绩上。

那么,我们含辛茹苦培养孩子的目的,十几年如一日督促孩子努力学习的理由,仅仅是为了让孩子能够考上一所名牌大学吗?

很多父母常会疑惑地摇头,接着又蹙眉深思:好像不应该是这样,但现实又似乎确实如此。究竟是什么地方出了问题?

或者,我们可以换个方式来思考。考上名牌大学,就一定能保证孩子未来能找到心仪的工作,并获得幸福的人生吗?

不一定,有的父母答。但是,至少从平均值的角度上看,那些考上名牌大学的比上一所普通大学或者没上大学的,找到好工作、获得幸福人生的可能性要高。

真的是这样吗?的确,目前的新闻报道和书籍,更多介绍的都是学霸们是如何考上名牌大学的,却很少有关于这些精英学生在考上名牌大学之后的生活、他们毕业之后的就业状况以及他们 30 岁乃至 40 岁以后的生活情况的报道。这就如同大部分童话故事一样,总是在"从此王子和公主便过上了幸福的生活"后就戛然而止,少有讲述他们婚后生活的柴米油盐。

有人总结了全球著名企业家和高收入人士（包括名牌大学毕业和非名牌大学毕业）所共同具备的一些特点。

◆ 拥有强大的韧性，拥有超强的面对困难、解决问题的能力。

◆ 在关键时刻，可以跳出思考的局限，拥有绝佳的创造性思维能力。

◆ 拥有明确的价值观和自我认知，了解自己的能力、爱好和优势、劣势，在每个人生拐点及重要事件面前，有独立思考、理智抉择的能力。

◆ 做事目标明确，可以有效地进行目标的决策、制订和管理。

◆ 拥有良好的人际关系处理能力和资源整合能力。

◆ 最后，也是最重要的一点——拥有自主学习及终身学习的能力。

21世纪，科技与社会已经进入飞速发展的时期。无论父母们多么慎重地选择，都不能保证孩子现在所学习的技能在未来几十年后仍然适用。只有让孩子始终保持着对学习的热情，拥有强大的自主学习能力和要终身学习的理念，才能不断学习、更新和拓展自身的知识技能和思考层次，进而在未来可始终立于不败之地。

正如腾讯前副总裁、著名学者吴军在他的著作《大学之路——陪女儿在美国选大学》中写道："人生是场马拉松，拿到一所名牌大学的烫金毕业证书，不过是在马拉松赛跑中取得了一个还不错的站位而已，人生——这所真正的大学——路途才刚刚开始……成功的道路并不像想象的那么拥挤，因为在人生的马拉松长路上，绝大部分人跑不到一半就主动退下来了。到后来，剩下的少数人不是嫌竞争对手太多，而是发愁怎样找一个同伴陪自己一同跑下去。"

亲爱的父母们，想要让孩子能够在这场人生马拉松中坚持到最后，不仅是要拥有一个不错的起跑站位，更是要使其能在大学毕业后获得不错的职业发展和幸福的人生。这才是孩子在上大学前这十多年基础教育生涯中，真正需要追求的。而人们眼中出色的学习成绩，与其说是学习的目标，不如说只是孩子在磨炼出以上这些重要的能力品性后所附带的一个结果。

作为父母，我们所需要做的，只是放慢脚步，把目光从孩子现在的学习成绩上，放远到他 25 岁、35 岁、40 岁所需要拥有的能力培养上，或许我们只有这样做才会真正知道要如何选择，才能耐心地陪孩子走过这重要又宝贵的"大学前时光"。

马紫月

2020 年 9 月 1 日

本书的正确打开方式

本书共分为六章。第一章，主要向读者们介绍 RAPC 动力模型的内容；第二章，主要教授父母如何通过运用 RAPC 动力模型，培养孩子良好的学习情绪以及如何面对困难、战胜学习挫折的能力；第三章，将教授父母如何引导孩子进行目标管理和时间管理，使孩子通过认识时间、制订目标、计划和规则，逐渐养成自主规划和自主管理的能力；第四章，父母将学会如何通过向孩子提供各种正向帮助，使孩子养成 6 种基本的学习习惯；第五章，将向父母介绍一些与培养孩子学习能力相关问题的解决方法，并教授父母如何在和孩子的日常交流中运用这些方法，帮孩子把学习能力和学习自信提上一个新的台阶；第六章，将针对父母在解决孩子学习问题上的五大困惑，为父母们提供实用、有效的解决方案。

本书所运用的案例，都是作者在工作中遇到的实际家庭辅导案例。除第一章外，其余章节基本都是以"案例＋问题分析＋实际解决方案"这样一个架构组合而成，期望能为父母们提供一套清晰、深入，且行之有效的培养孩子学习能力的方案。

最后，想对所有焦虑的父母们说的是，要用一颗平常心去养育孩子。要知道，孩子长大成人需要一个过程，父母的成长同样也需要过程。非常期待父母们能够带着问题翻开这本书，它将陪你一起，开启和孩子共同的成长之旅。

目录

第一章

你需要了解的 RAPC 学习动力模型

迄今为止,我从事儿童心理与学习能力研究已经整整 17 年了。在这 17 年中,通过家庭辅导与咨询、线上及线下培训和公开课以及社群交流、答疑,我接触过几千个家庭案例。其中,和孩子学习有关的问题,排在家长最关心也最焦虑的问题之首。

在这些案例中,有相当一部分家庭都面临着一个很棘手的问题:当孩子出现学习成绩落后、学习习惯不良,甚至厌学的时候,大部分父母会动用各种方法和资源(如送孩子上各种课内外补习班、提高班、线上课程,甚至花高价请私人补习老师、送孩子去封闭式的学习训练营或购买各种学习资料等),不惜一切代价去提高孩子的学习成绩,然而常常得到的结果却是父母的努力和孩子学习状况的改善并不成正比,甚至有些家庭还出现父母对孩子学习行为的关心和投入越多,孩子反而越厌学的现象。

因此,不少家长越来越困惑:"我给孩子报了那么多班,补了那么多课,他的成绩怎么还在班级后 10 名徘徊呢?"

提起孩子的学习,父母们的心情常常五味杂陈,既焦躁不安又无可奈何。我发现,尽管父母们提出的问题各有差异,但总结起来都是——孩子对学习缺乏信心、动力不足怎么办?

关于动力,美国心理学家德西和瑞恩在 20 世纪 80 年代提出了一个著名理论——自我决定论(self-determination theory,SDT)。这个理论认为,每个人都有自主感、胜任感和关联感这 3 种基本的心理需求,一旦这 3 种心理需求都能够获得满足,就能促进这个人做事的内在动机形成,也就是说,他会发出足够的自我驱动力去做事,并在这个过程中获得自我满足感。

为了能帮助到更多的家庭解决孩子学习动力不足的问题,我把自己多年来辅导各种儿童及家庭的案例进行了整理和归纳,并以自我决定论为理论基础,总结出了一套能有效地帮助孩子提升学习动力和自我管理技能的"RAPC 学习动力模型"以及以此模型为依据的儿童学习动力解决方案。

RAPC 学习动力模型

RAPC 学习动力模型由 4 个部分组成,涵盖了影响和促进孩子学习行为的最主要因素。

R(relationship):关注内在需求,建立认同和信任的情感支持。

这里指的是孩子与他人建立亲密的情感连接和归属感的心理需求,也是孩子形成自信、有效学习行为的基础。因此,我们把它放在 RAPC 动力模型的第一部分,作为孩子产生内在动力的"地基"。

目前,心理学界的多个研究都证实了亲密的情感连接与孩子学业成就之间存在联系。美国教育学家珍妮特·沃斯也曾指出:"没有一种内心的安全感,有效学习不可能发生。"

孩子最初的内在动力行为其实都发生在关系的基础之上。婴儿时期,孩子会通过养育者对他需求的满足来感受爱与关系的联结。当他饿了、渴了,养育者将充沛的奶水送到他嘴边;尿湿后,被及时抱起,让他重新被干爽、温暖所包裹;养育者每每与他互动,凝神的注视、亲切的微笑、温和的呼唤及轻柔的抚摸,无时无刻不向孩子传递着一个信息:"我是重要的、被爱的、独一无二的。"

当孩子开始探索世界,学习说话、走路、穿衣、吃饭等生活技能,当他伸出胖胖的小手,期望能够通过自己的力量做一些

力所能及的事情时，养育者目光中的信任和鼓励，常常会成为孩子产生自我信任和自我接纳的来源；同样，当他开始上学，学习各种知识和技能，养育者对他每一个微小进步的欣赏，也会为他积蓄一点一滴的成功经验，这将是他形成勤奋、自我承担和自我管理能力的基石。

如果父母在孩子成长过程中，始终保持给予孩子认同和信任的情感支持，关心孩子的情感需求、喜好、健康和快乐程度，那么孩子就会保持较高的内在动机。

在我接待过的每一个辅导案例中，在帮助孩子梳理他的学业困难之前，我都会先引导父母和孩子检查并修复亲子之间的亲密关系，使他们重新建立起充满信任和支持的关系。一句话：先谈关系，再解决问题。这是帮助孩子建立学习自信的第一步。

在本书的第二章，将着重和家长们聊聊如何通过和孩子建立认同和信任的情感支持，帮他建立学习自信心的过程。

A（autonomy）：激发自主能力，让孩子能够自己做出选择、决定和掌控行为。

满足孩子的自主需求，就是看孩子是否能依据他的自身意愿（不是来自外界的惩罚和压力）而做事。

自主性是 RAPC 动力模型的核心。每个人都希望能够对自己的生活有支配权，对自己的行为负责。一个孩子能否真正发展出努力做事的信心和能力，一个重要的基础，就是看他在多大程度上能够自主地决定和掌控自己的行为。

我经常接到家长们这样的诉苦："我们帮孩子制订了很有针对性的学习计划，他一开始也答应会遵守，可真执行起来，就完全不是他了。不是磨磨蹭蹭，就是找理由耍赖，每天陪他学习比打场仗还累。""一让他学习，就和我谈条件，又要买玩具,又要玩游戏,还威胁不让玩就不学。怎么才能让他知道,学习是他自己的事,不是为父母而学呢?"

其实,这种现象一点儿也不奇怪,当孩子学习任务和学习计划的制订权只掌握在父母手里,却缺乏孩子真正地参与时,无论父母多么相信这些计划和规则是科学而有效的,都仍会遭到孩子的各种反抗或消极拖延。因为孩子觉得这些规则和限制是一种来自外界强加过来的控制,在这种控制当中,父母和他之间的关系就会如同老板与员工的关系,他即使完成得再好,也难以体验到真正的幸福和成就感。一说到让孩子自主,相信不少家长会表示怀疑:"就这样催着、管着,孩子都还不肯学呢。如果真让他自己做主,他要是选择不学,天天玩游戏可怎么办?"

这里所说的自主,并非是放任自流、不讲规则,而是既给予孩子一定自由,允许他们自己决定和处理力所能及的事情;同时,又要让孩子认识规则,学会遵守规则,并参与到规则和计划的制订过程中。对规则的制订、执行、评估和修改这一不断反复的过程,会刺激孩子大脑前额叶皮层,使他的理性思考、自我规划和自我管理的能力得以发展,并会逐渐形成强大的自主能力。

关于如何帮助孩子学会自主决定和自我管理,本书将在第三章详细与家长们进行讨论。

P(positive):正向帮助,启发孩子自我改进的力量。

正向帮助是指当孩子遭遇困难、犯错或出现不良行为时,家长们不应通过强迫、压制和惩罚,而是应采用各种能积极促进孩子正向行为的方法,调动孩子自身的资源,启发孩子自我改进的力量。

正向帮助是 RAPC 动力模型中,最具促进性的一环。在

孩子的成长中,父母帮助孩子改正错误虽然是必要的,但是,如果我们仅仅停留在为孩子"纠错"的过程中,孩子将难以主动发挥自身的能力,从而获得更成功的体验。因此,比起不断发现和关注孩子身上的问题,父母更需要的是引导孩子如何既能勇于直面问题,又能发现和利用自身和周围的优势、资源,通过各种方法积极地解决问题。在这个过程中,孩子的自信心、行动力以及对问题的解决能力都将不断获得提升。

为孩子提供正向帮助有 8 种重要的技术:①困难具体化;②寻找有利资源;③鼓励性示范;④启发性提问;⑤辅助式建议;⑥切换场景;⑦针对性指导;⑧赋能式坚持。

本书第四章将通过几个关于孩子学习习惯培养的案例,向家长们详细介绍为孩子提供正向帮助的方法。同时,这些技术也会贯穿在整本书的所有案例中,力求将方法讲述的更直观、更具可操作性。

C(competence):能力感,引导孩子看到自己能力增长的过程。

能力感是指个体主观感觉自己有能力或者相信自己能够有效地做好一件事的信心,在 RAPC 动力模型中,能力感是保证孩子做事时持续自我驱动力的源泉。

一个孩子的能力感来自哪里呢?这种感觉主要来自于孩子对他过去成功做事的体验和记忆。在孩子的记忆中,储存越多的过去成功完成类似任务的经验和知识,就越有可能具备完成眼前这项任务的期待和信心,他会相信自己同样有能力和方法去有效地做好现在这项工作。

作为父母的一项重要工作就是在孩子的成长过程中,不断为他提供成功完成任务的机会,同时,父母还需要积极发现并且引导孩子看到自己取得的每一个哪怕很微小的进步和胜利，要随时和孩子一起总结成功经验，让这些经验深深地刻在孩子的记忆之中。这样，当孩子再面临困难、挫折时，才会更有勇气和动力去选择坚持不懈，并会不断寻找方法去解决问题，从而形成对自己做事的能力感和掌控感。

以上就是关于 RAPC 动力模型的介绍。近年来，通过在线上、线下与学员们的沟通与交流，已经有十多万个家庭从这个模型中受益，并以此为指导，帮助孩子重新建立学习自信、提升学习动力，让孩子逐渐养成自主学习的习惯。

看到这里，可能有些爸妈还是会有疑惑："我的孩子已经出现严重厌学，我们无论说什么他都听不进去，这个时候该怎么帮他？""都说小学是帮助孩子建立学习习惯的关键时期，可我的孩子再开学就上初三了，他现在对学习一点信心都没有，现在帮他，还来得及吗？"

是的，能在最适合的年龄帮助孩子建立自信和学习动力自然是最好的，但是，如果孩子已经错过了那段最佳时期，只要能从家长意识到的那一刻开始帮助孩子，一切就仍然来得及。

名副其实的"差等生"的"逆袭式"转变

让我们先来看看下面这个女孩的履历。

◆ 像大多数独生子女家庭一样，父母从她出生之日起，就对她寄予了非常高的期望。

◆ 出生后 5 周，由于父母工作繁忙，祖父母们又没到退休年龄，女孩于是被托付到远房亲戚家抚养，父母只在每周末抽出一天时间探望，直到孩子 1 岁多被接回到祖父母家。

◆ 3 岁，女孩被送到了寄宿制全托幼儿园，1 周仅回家 1

天。于是,女孩没有和任何养育者建立起安全稳固的依恋关系,她缺乏自信,并期望通过不断地"讨好"行为,来博得成人的喜爱。

◆ 7 岁,对女孩寄予厚望的父母托关系将孩子送进了一所全市重点小学的实验班,班级使用 5 年制实验教材进行教学。然而,由于缺乏指导,课堂教学速度又很快,女孩一入学就出现了学习跟不上的现象,尤其是汉语拼音,她在课堂上完全听不懂,回家也难以正常完成作业。面对父母和老师的不断批评,女孩丧失了对学习的信心,变得越来越不愿意完成作业。由于长期不完成作业,女孩在当时那个"全国教学水平最高"的班级,成为了一个名副其实的"差等生",给班级拖了"后腿"。

◆ 8 岁,女孩以语文期末考只有 38 分的成绩,结束了在这所重点小学的学习生涯,转入一所普通小学。

◆ 9 岁,由于缺乏良好的学习习惯和人际交往能力,女孩在新学校中受到同学的欺负和老师的误解,她变得越来越厌学,甚至被怀疑"可能智商有问题",周围人多次建议女孩的母亲带她去检测智力。

◆ 10 岁,由于在第二所学校也待不下去了,母亲不得不再次为女儿转学。

◆ 11 岁,严重厌学的女孩竟然用模仿电视中精神病患者的方式来逃学,甚至被误送入精神病医院治疗 1 周。

◆ 16 岁,由于中考失利,女孩进入了一所普通高中。期中考试时,对学习完全丧失信心的女孩,所有功课全部不及格。同年,女孩被诊断为"适应性障碍"和"重度抑郁症",不得不申请休学 1 年。在休学过程中,由于对学习和自己的未来都失去了信心,女孩曾多次企图自杀,并开始寻求心理治疗帮助。

看到以上这个女孩的成长经历，如果你面对的是这样一个孩子，你觉得是否还来得及帮助她重新建立学习自信，让她有动力从学习困境当中走出来呢？

我想告诉家长们，这个女孩其实就是当年的我。几年之后，我考上了梦寐以求的大学，后来又拿到了近 10 所世界百强名校的录取通知书，还在英国申请到教育心理学博士课程，最终成为一名专门研究儿童情商和学习心理的老师。

是什么让我的经历发生了"逆袭式"的转变呢？可以说，我就是 RAPC 动力模型的第一位受益者。只不过，当年那个启发和帮助我的人，是一位普通的中学老教师，也是我那时的班主任。

当年，在休学即将结束时，我转到一所离家较远的中学借读，暂住在班主任老师家里。面对即将结束的休学生活，我虽希望能够通过努力考上理想的大学，但过去长达 10 年无论是学业还是人际交往中的失败经历，都使我对新的学校生活感到惶恐和不安。在那段时间里，老师几乎每天都陪在我身边，和我谈天说地、道古论今。

有一次，老师问我："如果每个人都可以选择并决定自己的人生，你希望自己现在做什么？"

我回答说："我希望能考上重点大学。"

"为什么呢？你说过你想当作家，即使考不上大学也可以写作呀。"

"因为我想证明自己。"我说，"我想让那些瞧不起我的人

知道,我不比他们差,我可以做得非常好。"

"所以,你相信自己能考上心目中的大学吗?"

"我不知道。"我黯然地低下了头,"实际上我连高中都不敢上,我害怕学校和那些同学,我从来没有成功过。每当我闭上眼睛,脑中浮现的都是别人在嘲笑我,说我一事无成。其实我知道,大学对我来说是一个梦,一个我永远都达不到的梦……"我说不下去了,眼泪已经扑簌簌地落下来。

两天后,老师从学校带回了一套试卷,她递给我说:"这是今年的高考文科试卷,你做做看。"

我大吃一惊,马上问道:"我刚上高一就休学了,怎么可能会做高考试卷呢?"

老师笑眯眯地说:"既然你没上过高中就更不用担心了,就当这是在玩游戏,但是你要认真地玩,尽你所能地把会做的都做了,能写的都写上。"

反正也没学过,自然就没什么心理压力。我按照老师说的,花了两天的时间完成了所有试卷。又过了两天,老师神神秘秘地问我:"你猜你前几天做的高考卷得了多少分?"

"多少分?"

"295分,将近300分!"老师拿出那几份试卷,一边指给我看一边说:"你知道今年北京市文科重点大学录取分数线是多少吗? 470多分!"

老师看我还是一脸的迷茫,便进一步解释说:"北京文科重点线是470多分,而你还没上高中,就已经拿到了比一半还多的分数。那么,你只要在这高中3年里,努力拿到另外一半的分数,就可以考上你理想中的大学了。孩子,只要你想,你就能考上任何你梦想中的学校。"

"真的吗?"我被这突如其来的讯息弄得既兴奋又不知所

措,"您真觉得我能考上大学?"

"咱们来分析一下,不就知道了?"

老师把我拉到书桌前坐下,拿出了一张纸,和我一起通过对这次试卷各科得分情况进行分析,并结合我之前在各科学习上表现的优势和劣势,预测出经过 3 年高中学习后,我在高考中每一科可能会拿到的最高(顺利完成计划可获得的)和最低(保底分数)分数,最后再相加,得出一个预估的我 3 年后参加高考的分数区间:515 ～ 570 分!

经过这样的一个对学习状况的全面分析和预测,我的心中突然升起一股力量,之前对学校的恐惧逐渐减弱,对于即将开始的新的学习生活,也有了一丝丝期盼。我甚至有了一股冲动,想要立刻回到校园去践行刚刚订下的目标。

这时,老师再次问了几天前就曾问过我的问题:"现在,你相信自己有能力考上心目中理想的大学吗?"

这一次,我马上回答道:"虽然不敢保证,但是,我很想努力试一试,不知道为什么,我居然有些盼望开学了。"

就这样,开学后,我以班级倒数第 1 名的往届中考成绩,插班进入到新学校读高一。那时,我这个倒数第 1 名比倒数第 2 名还要差 30 多分。然而,在老师的帮助下,仅仅 3 个月后,我就在期中考试中,由班级倒数第 1 名上升到班级第 14 名(全班共 42 名同学)。后来,成绩一直呈直线上升,在班级、年级均名列前茅,并在高一期末获得了我学习生涯中第一个"三好学生"荣誉证书。

在这个过程中,老师是从哪几个方面帮助我,使我原有的厌学、恐学转化成学习的动力呢?

R:建立关系和情感连接。

住到老师家后,老师并没有马上劝我回学校读书或是给

第一章 您需要了解的 RAPL 学习动力模型

11

我补习功课，而是花了很长一段时间，每天陪我聊天、听我说心事，她总是能发现我身上的一些小小的优势。比如，老师会随时告诉我："我发现，你思考问题的角度很独特，特别有自己的想法。""你做事真的很细致。"

每天，老师会带我一起去市场买菜，和小贩讨价还价；还去过乡下体验采摘蔬菜，感受光脚踩到青石板路上的感觉。

我问老师："为什么您要带着我在市场上与小贩讨价还价呢？几分钱也要计较，多丢人啊？"

老师笑着回答："你不是一直担心自己融入不了环境吗？那么，咱们现在就从感受生活开始，不用担心别人怎么评价你，讨价还价也是生活呀，去尝试、去体验就好。"

正是在这个过程中，我开始逐渐放下戒备、放松自己紧绷的神经，和老师的关系也越来越融洽。我感到自己是被老师接纳和欣赏的，她正拉着我的手，帮我融入进新的生活中去。

A：自主，你的未来你掌控。

对于重新入学和如何学习这件事，老师并没有指导或劝告我"你应该怎么做、怎么想"，而是把思考和选择权交到我的手中，问我希望选择过怎样的生活，最想做什么事。当我说"希望考上大学，让周围的人瞧得起自己"时，老师也没有像一般父母那样，用各种讲道理的方式告诉我"上大学真正的目的应该是什么"，而是顺着我的思路，和我一起分析要达到这个期望的条件是什么。

当孩子出现一些在成人眼里看似"不良""不利"的想法、情绪或行为时，比如不想上学、讨厌老师或突然要去当歌星等，父母先不要急着去否定孩子，而是应该先去理解和倾听孩子，通过与孩子的对话，发现他行为背后真实的心理需求。当年，我在经历没有安全感的童年、长期的学业失败和被同龄人群体排斥的成长过程之后，内心充满了自卑和情感的缺失，这时迫切想要通过好的学业成就、考上重点大学来证明自己、弥补内心缺失是再正常不过的心理需要。

老师通过让我做高考卷鼓励我，通过与我一起分析试卷的过程让我知道：我的未来可以掌握在自己的手里，我有能力决定自己想要努力的方向。至于当时希望考大学的初衷，随着不断的努力和体验成功的过程，我内心的缺失在逐渐获得弥补，对自己能力的信心也在随之建立，对期望和目标的分析和把握也越来越趋于理性了。

P：正向帮助，让我看到自己真实的能力和资源。

在休学期间，我曾见过几位当时小有名气的心理医生，他们也都从不同的方面给予我很多鼓励和思考的方向。曾有一个医生拿着我写给他的心理自述，神采飞扬地鼓励我："你知道吗？你是我见过在这个年龄段里最有写作才华的人，甚至大部分成年人都没有你这么出色的能力，你还有什么可担心的呢？"不可否认，这些鼓励确实为当时的我增添了一刹那的满足和兴奋，但却并没有让我重新燃起对生活的希望，这是为什么呢？

美国著名的心理学家和教育家简·尼尔森在她的著作《正面管教》一书中指出，家长在教给孩子解决问题的方法时，需要注意的第一要素就是"相关"，也就是你所建议的方法要和解决这个核心问题有着密切的关系，一定是能够对解决这个问题有直接促进作用的。

当时，我所面临的最核心问题，是多年的学业失败所导致的自卑和无助，我急切期望能通过学业上的成就来证明自己，却又因对学校的恐惧和对自己学习能力的不信任而退缩不前。这时，仅仅凭着对写作才华的鼓励，并不能让我从对学业

失败的无助中走出来。而班主任老师通过让我做高考试卷这个方式，用我所得的实际分数向我证明：我自身所拥有的资源和能力足以让我达到自己期望中的目标。接着，又通过和我一起分析、总结在不同的科目上分别可以在哪些方面通过哪些途径获得提高，以及最终可以在高考中提高多少分，给了我该如何达到目标指出了一个比较明确的路径。正是这些基于现实的分析和实际有效的方法，给了我足够的信心，让我能够重新鼓起勇气去面对自身的问题。

C：胜任的力量，让我从一步步地努力中，获得成就和信心。

我们已经了解，让孩子拥有能力感和自我掌控感是保证他做事时获得持续自我驱动力的源泉，这些都需要家长帮助孩子在实践中通过每一个哪怕微小的进步，不断看到自己能力增长的过程。

我虽然在休学 1 年后以班级倒数第 1 名的成绩重新回到学校，但我对自己学习的信心，也是在这个基础上，从最低谷起步，一点一滴建立起来的。

开学前，老师鼓励我把所有落下的功课，通过自学、做练习、最后请教老师的方式，在不到 2 个月的时间补上了大部分的功课。我开始了解到，只要掌握方法，自己的学习能力非但不像自己想象中的那么差，实际上还很不错。开学后，在老师的鼓励下，从未当过"官"的我，还鼓起勇气成功竞选上了班里的宣传委员；并在期中考试，让自己的成绩从倒数第 1 名上升至正数第 14 名……

我现在还记得，当时学校举办 5000 米越野赛，老师鼓励从小就跑不快、跳不高的我也报名参加。我连连拒绝："我体育不行，跑不快的。"老师却说："这是长跑，不需要跑得快，只需要坚持。咱们打个赌怎么样？不管别人怎么跑，你只需要保持匀速慢跑的状态，中间不要停，这样跑下来，你的名次一定不会太差。"我将信将疑地报名参加了越野赛，一开始我落在大部分人的后面，但是到了中途，不少人开始没力气了，逐渐松下劲儿走走停停，但我仍然咬牙坚持、匀速慢跑，最后我居然真的取得了不错的成绩……

　　我一直在想，孩子们的成长之路何尝不是如此呢？人生就像一场长跑，拥有一个不错的起跑线固然是好的。但是，即使孩子一开始的起跑线不够高，即使他的初始能力并不出色，甚至充满磕磕绊绊，但是只要他的父母一直陪伴在他身旁，爱他、信任他，始终帮他去发现自己的优势和进步、明确自己的方向，给予他支持和力量，那么只要他能维持匀速慢跑的状态，坚持不停，日积月累后，他就一定会跑出一个属于他自己的充满希望的未来。

　　现在，我把这套结合我的成长经历和实践经验总结出的RAPC 动力模型，作为礼物送给每一位需要帮助的家长朋友。虽然，陪伴孩子共同成长的道路时常充满曲折，也常夹杂着苦辣酸甜，但我衷心期待这本书可以帮助每一位家长去理解孩子的成长路径，陪孩子一起面对生活和学习中的各种挑战，激发他们的内在动力，做好孩子成长中的引路人。

第二章

帮孩子保持积极的学习情绪

不了解孩子的学习状态，"努力学习"
只能是一句空话

在不了解孩子真实的学习状况、学习能力以及具体的学习方法的情况下，"努力学习"只能成为一句空话。

♡～ 孤立无援的"落后生" ～♡

第一次见到晓轩，是在一个周六的早晨，阳光透过窗帘的纱幔在屋内柔软地散开，和13岁的晓轩那张稚气未脱却阴沉的脸形成了鲜明的对比。同样脸色阴沉的晓轩爸和儿子一样，都把自己默不作声地埋在椅子里，低着头、驼着背，姿态如出一辙。而晓轩妈则正在滔滔不绝地向我描述晓轩曾经的优秀，小升初为了让晓轩接受最好的教育，她花了多少时间和精力带着晓轩四处面试，自己是多么的不容易，而孩子现在却又是多么的不争气……

后来，我大体了解了晓轩的故事。晓轩妈是一所三甲医院的护士长，她把对工作一丝不苟的劲头同样用在了儿子身上。小学阶段，晓轩在妈妈的监督下，成绩不错，还在全市少儿编程比赛中多次获奖；小升初时，也考上了一所重点初中；然而，上初中后，不知是因为母子俩都有些松懈，还是班里确实高手云集，等晓轩反应过来时，自己的成绩已在班级中下游徘徊了。这时，晓轩妈着急了，勒令要停掉晓轩所有的课外活动,包括他最爱的编程课。这一决定触到了晓轩的"雷区",他大叫:"要是不让我学编程,我就不上学了!"虽然事件的结果以爸爸说服妈妈继续让晓轩学编程,晓轩则答应去上妈妈强制给报的英语补习班而告终,但晓轩的学习成绩却非但没有提升,反而直线跌落到班里倒数。

初二上学期期末考试后的家长会,晓轩妈声称自己"丢不起人",于是出席家长会的重任就落到了晓轩爸头上。相比起妈妈,爸爸和晓轩是一直以"朋友"相称的,他相信男孩子小时候调皮些很正常,慢慢就知道努力了。哪知这次家长会给了晓轩爸当头一棒,老师在家长会上反复强调这次考试对中考的重要性,并让成绩落后的学生家长必须警惕。会后还专门留下晓轩爸,历数了晓轩在学校里的问题,并告知他如果再不管晓轩就晚了。

或许是年轻的老师讲话严厉了些,晓轩爸在单位好歹也是个领导,之前从未在众目睽睽之下遭受过如此的责难,他感觉颜面尽失。一回到家,耐不住火气的爸爸第一次扇了晓轩一个耳光。看到一向支持自己的爸爸竟对自己动了手,晓轩哭叫着:"为什么你们都跟老师站在一边?怎么就没有人理解我?"从此以后,晓轩开始拒绝上学……

听晓轩妈叙述到这里,我看到一直埋着头的晓轩飞快地擦了一下眼睛。

在我的工作中,经常会遇到像晓轩这样的家庭,因为孩子的学习问题来求助。这些家庭往往大同小异,总是家长先一通控诉孩子不学习的种种"劣迹",待宣泄完,便会对一旁几乎要把脑袋缩到肩膀里的孩子说:"快告诉老师,你到底打算怎么办?"孩子通常会用低得几乎听不到的声音回答:"以后……

努力学习。"

"努力学习"为什么失效了

"努力学习",一句承载了无数父母期盼的标准答案。但是,令不少父母忧虑不安的事也在时时上演。有相当一部分孩子会在做了"努力"的保证后,却毫无努力的行为;还有一部分孩子会在刚开始的时候信誓旦旦地做出保证,可要不了3天,干劲就会直线跌入谷底,孩子懒懒散散的状态分分钟现出原形。是什么导致孩子的行为总是在父母不断地期望和失望中循环往复呢?

先让我们来看看孩子在遇到学习困难时,最容易被我们忽视的两个问题。

问题一:如果孩子既缺乏对自己真实学习状况的了解,又没有掌握通向学习目标的具体方法,那么"努力学习"只能成为一句空话。

请家长们一起来设想这样一个场景。假如这个月你的领导给你布置了100万元的销售业绩,眼看半个月快过去了,你却只完成了不到十分之一。你看到周围的同事都信心十足地工作,并且不少人已然捷报频传,而领导还在不断地加压,追问你的工作进度,催促你所剩时间不多,离预定期限已经越来越近。你期望自己能够找到出路迎头赶上,可一次又一次的碰壁让你毫无招架之力,面对越来越多的工作任务,你此时的感受会是什么呢?你会不会突然不知道自己该做什么?那种无所适从的感觉是否会无时无刻不挤压着你?你是否会对自己的能力产生怀疑?你是否会开始否定自己,对完成这份工作失去信心?

这就是相当一部分学习成绩暂时落后的孩子所经历的

日常感受。其实,每一个孩子的内心都会有一个努力学习的愿景,但是,不少孩子受到认知发展水平、自控力、学习适应性等多种因素限制,面对"努力学习"这样一个抽象的概念,很容易畏缩不前。加上之前可能因为各种原因已经落下了不少功课,他想摆脱目前的学习困难、把成绩赶上去,这在孩子的意识中,无异于要翻越一座高不见顶的山峰。

这时,如果家长仅仅是在催促他要努力学习,却不能给他提供具体的指导,帮助他看到自己的能力,想必即使换作是一名成年人,都会感到无所适从吧!

问题二:之前在学习上的失败经历,可能会导致孩子在学业方面形成一种习得性的无助。

20 世纪 60 年代,著名的美国心理学家、积极心理学创始人马丁·塞利格曼于研究生学习时期,在宾夕法尼亚大学的心理实验室做过这样一个残酷的实验。

实验是在狗身上进行的。被选中参加实验的狗被分为 A、B 两组。工作人员把 A 组狗关在一个锁死的铁笼中,并对它们实施不规律的电击,虽然这种电击不至于伤害狗的身体,但足以使它们感到痛苦。一开始,遭受电击的狗会在笼子中四处乱闯,试图寻找逃脱的出口。但试过多次没有成功之后,狗明显绝望了,即使电流再次通过,它们也只是趴在笼里强忍痛苦,不再试图逃脱。

B 组狗呢,它们同样也会遭受这种电击,不同的是,它们的笼子设有逃脱装置,一旦狗儿通过各种挣扎和试错打开了笼门,就可以顺利逃脱。

接下来,A、B 两组狗都被关进另外一个新的笼中,笼子的中央被一道低矮到可以令狗轻易跨过的挡板隔开。挡板的一边通电,另一边不通。当工作人员电击笼子的一侧时,令人惊

讶的事情发生了,所有之前经历过电击而无法逃脱的 A 组狗,都只是痛苦地趴在地上呻吟,却一次也不愿尝试那道可轻易跨过的挡板;相比之下,之前有逃脱经历的 B 组狗,都直接跳过挡板,到达了没有通电的安全地带。

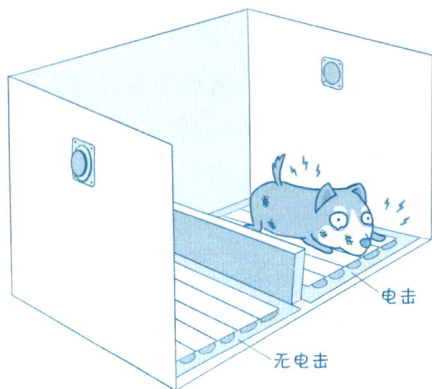

电击

无电击

在这之后的几年,类似的实验结果在其他动物和人类身上同样得到了验证。塞利格曼认为,人和很多动物一样,在认知自我对外界的控制能力时,往往是通过对自身以往经验的习得。当一个孩子在学习一项技能的过程中,不断地努力尝试却遭遇连续失败时,他如果把失败的原因归结于自身不可改变的因素,就会感到绝望和无所适从,也会因此而停止继续努力尝试。塞利格曼把这种现象称为"习得性无助"。

"不用多,十次挫败就足以让一个孩子产生习得性无助。"塞利格曼说。

怎么才能了解到孩子在面对学习时,是否已经处在一种习得性无助的状态呢? 家长们可以从以下 3 种情况来判断。

1. 当孩子不再做出任何改变现状的行动时（有的孩子可能会从其他地方寻求自我肯定，如发展自己的某一特长或爱好，或干脆沉溺于虚拟游戏之中）。

2. 当孩子认为即使努力，结果也不会有所改变时。

3. 当孩子相信自己无论做什么，都不可能成功时（把失败扩大化。有的孩子可能嘴上会坚持说："我一定会成为一个成功的人。"可一旦谈到实际的计划和行动，就会找理由退缩不前）。

如果父母发现孩子已经处于以上状态，请一定记住，他并非懒惰、耍赖、不上进，而是失去了行动的信心；他需要的不是评判和指责，而是来自父母的帮助和支持。

谈到这儿，可能有些父母会忍不住说："我给他帮助了呀，我花钱找了最好的补习班，可孩子就是不肯学，怎么办呢？"

要知道，孩子常常无法继续努力，并非因为他们没有方法，而是即使有道路摆在他们面前，他们却看不到，也不相信。习得性无助最重要的特征是让人失去了对自己生活的控制感。要想让孩子重新行动起来，重点不在于直接给他们提供方法，而是在于帮助孩子重建控制感的过程。

通过第一章大家已对 RAPC 动力模型有了初步了解，下面，我们就来看看父母该如何灵活运用这个模型，帮助孩子重新获得对学习的控制感。

R（relationship）：关注内在需求，建立认同和信任的情感支持。

在第一章中，我们谈到与他人建立亲密的情感连接和归属感是孩子形成自尊、自信和有效学习行为的基础。因此，在

面对一个对学习失去信心的孩子时，父母首先要做的不是马上帮他解决问题，而是要检查和修复你们和孩子之间支持和信任的亲密联结。

我的母亲有一次曾与我谈起往事，她对我说："我记得你上小学的时候，每次因为你成绩不好或者给你讲题你学不会我冲你发脾气时，你总会眼泪汪汪地和我说：'妈妈，你和爸爸从小都是好学生，我比你们那时差远了。所以，你一定不会理解我这个坏学生的……'当时你为什么总是那么说呢？"

"是吗？"我冲母亲笑笑，鼻腔却不知为何酸酸的，"我大概是在从心底向你们呼唤：即使我做不好，即使我一直是这样一个成绩不好的孩子，你们还会愿意爱我、接受我吗？"

被爱、被接纳，始终是孩子的第一需要。

晓轩的父母对晓轩帮助的转变，也是从和他修复亲密关系开始的。妈妈停止了对晓轩成绩下降的抱怨，开始学着去观察和体会晓轩的感受。她回忆起晓轩之前每次考试成绩不佳时，总会把自己在房间里关上一两个小时。那时妈妈没有站在晓轩的角度去看待他的行为，而是单纯地认为他"考不好还不知道上进，一定又把自己关在房间玩游戏"，还曾因此粗暴地去砸门。现在想想，孩子考试成绩不理想，他自己心里一定是又羞愧又焦虑，还要承受老师和父母的苛责，会是怎样的无助啊！于是，妈妈对晓轩说："这次考完试，妈妈看到你好几天都情绪很低落，不想说话，你心里一定特别着急吧？"

晓轩一听，眼泪就扑簌簌地落了下来，说道："我是害怕你们会对我失望，我也想把成绩搞上去的，可我做不到。"

妈妈肯定晓轩的感受，说："是啊，妈妈也有在工作中遇到很大困难的时候,也会担心领导对自己失望,甚至会怀疑自己是否适合做这份工作。不过还好,最后我调整了方法,咬牙坚持下来了。"

"真的吗?"晓轩眼睛闪了一下,陷入了沉思。

爸爸也真诚地向晓轩道了歉,承认当时只想着自己丢了面子,而一时没有控制住情绪。其实那天对儿子发过脾气之后自己就后悔了,看到晓轩伤心的样子,爸爸心里比割肉还疼,也意识到没有什么面子问题比对儿子的爱更重要。"爸爸这次确实错了,伤害了你。你能不能原谅爸爸,给我一个机会帮助你,我们一起来面对问题呢?"

晓轩点点头,接受了爸爸的道歉,但是对于爸爸提出的建议,晓轩说希望给自己几天时间,好好想一想。

爸妈这次接纳了晓轩的要求,并在接下来的几天,他们都没再和晓轩提起学习的事,而是像往常一样,陪儿子吃饭、散步,偶尔讨论一下电视节目中的话题。直到一天晚饭后,爸爸照例和晓轩一起去散步,他突然问儿子:"爸爸看你很喜欢玩一款战争的游戏?""嗯?"晓轩有些警惕地看着爸爸,"可我每天玩游戏都没有超过 1 个小时。"

"我知道你很遵守约定。"爸爸解释道,"我只是很好奇,假如你真的生活在这个游戏中,你正面对一个真正残酷的战场,敌军疯狂而残暴,他们的数量远远超过你的队伍,你和你的队伍已经连续被敌人围堵了很多天,战友们一个个地倒下,你也受了伤,几近弹尽粮绝,又累又饿又痛,而敌人还在向你逼近。这个时候,你是选择放弃、缴械投降,还是要坚持战斗下去,努力寻找出路呢?"

晓轩想了想说:"我肯定要继续战斗下去,直到最后一刻也不会放弃。"

"为什么呢?"爸爸问。

"因为只有坚持下去,我才可能找到出路,一旦放弃,之前的努力和大家的牺牲就全白费了。只要我还有口气,只要还有战友和我在一起,我肯定不能放弃。"晓轩坚定地说。

"好!"爸爸微笑望着儿子说:"其实学习对于你而言,也是一场艰苦的战争,你面临的困难和挑战就是你前进路上的敌人。爸爸想问你,你愿不愿意接受爸爸做你的战友,让我陪伴你、协助你,一起打赢这场战争呢?"

晓轩的眸子亮了亮,他认真地看着爸爸,终于,他点着头说:"好,我一定要打赢这场战争。"

你们看,晓轩的父母在和儿子重建亲密联结的过程当中就做到了以下 3 点。

1. 去体会和接纳孩子的情绪和感受,并把这种感受反馈给他。

2. 对自己之前不当的做法真诚地道歉,向孩子表达爱的同时,做出改进的榜样。

3. 用切换场景的方法,帮助他重新看待自己遇到的困难,并告诉孩子,无论发生什么,爸爸妈妈会随时帮助他、支持他,和他做"同一战壕的战友"和他"并肩战斗"。

在很多情况下,父母和孩子关系的修复需要一个过程,在这个过程中,父母要做的,不仅仅是单纯的付出和劝慰,更需要用足够的耐心和信心去等待,给予孩子信任与时间,陪伴他度过最困难的时刻。

A(autonomy):激发自主能力,让孩子自己探寻问题的解决方法。

孩子能否真正发展出努力做事的信心和能力,一个重要的基础就是看他在多大程度上,能够自主地决定和掌控自己的行为。

有些家长可能会问:"让孩子自己做决定?那他肯定选择不学啊,主动性为零,可怎么办呢?"这就要看你能给予孩子多大的信任,又如何去激发孩子的主动性了。

我初中的时候,有一段时间,代数中的二次函数总是学不会。课堂上,老师的讲解与我而言犹如念经,完全听不进去。于是,我索性选择趴在桌上睡觉;考试时只要遇到包含二次函数的题型,我往往试都不会试一下,直接选择放弃。时间一长,二次函数似乎就成为一道我永远也迈不过去的坎,也慢慢地使我对代数失去了信心。眼看中考来临,母亲着急了,辗转托人为我请来了重点学校的名师单独辅导,可我的脑袋就像注定了与二次函数无缘,直到我遇到了后来的高中班主任。开始重整旗鼓的第一天,老师并没有马上着手帮我补课,而是对我说:"你有什么担心的地方或是觉得可能会遇到的困难,可以自己先把问题都列出来。"我立刻就写下了二次函数这个老大难问题。

老师说:"二次函数学不会?我不信。这样吧,你自己看书,从例题和定理看起,看会了,就自己独立把例题做一遍,然后再做下面的练习,什么时候遇到你确实不懂的地方再来问我,怎么样?"说完,老师便转身离开房间,做自己的事去了。

说来也怪,当我真的静下心来看书,重新自学这一部分的知识时,我发现问题其实根本没有我想象中那么难,最后,直到我把课后练习全部做完,竟没有被一道题所难住,完全靠自己解决了困扰我一年半之久的二次函数。那时我才想起,之前的学习,不是在家长的监督下被迫学,就是全然"放风式"的不学,初中3年,几乎从未尝试过主动学习。当这次老师提出让我自己去安排学习、寻找方法解决问题时,我反而发挥出了

自己真正的潜力。

无独有偶,在我成功自主学习二次函数的 10 年之后,孟加拉裔美国人萨尔曼·可汗创立了一家教育性非营利组织——可汗学院,他抛弃了百年来"老师灌输式教,学生被动式学"的传统教学模式,采用改进式的"精熟教学法",让每一位学生都可以根据自己对知识的掌握程度、学习需求、思考方式等,自主安排和把握自己的学习进度,老师只是负责检测学生对知识掌握的熟练程度以及答疑解惑等辅助性指导,让孩子学会真正成为自己学习的主人。很幸运,我在这种教学方式开始推广的 10 年之前,就已然成为了它的受益者。

听了我的故事,晓轩妈也开始反思晓轩目前在学习上遇到的问题,可能很大程度上和自己这些年来对儿子的管理方式有关。几乎整个小学阶段,晓轩的学习都是在妈妈的严格监督下完成的,大到学校、课外班的选择,小到每天的作业习题,晓轩妈都会事必躬亲地替晓轩做选择,这使得晓轩不但没有从学习中获得任何自主性,还导致他因此对学习丧失了兴趣。更糟糕的是,在上中学后,一旦妈妈辅导不了晓轩的功课,长期习惯于依赖妈妈监督学习的晓轩,就很容易在学习遇到困境时变得无所适从,从而产生退缩、逃避的行为。

这次,妈妈决定把学习的主动权还给晓轩,晓轩需要根据自己这次期末考试的状况,分析出自己具体的学习漏洞,提出初步的寒假复习计划,并且要告诉爸爸妈妈他需要"战友"为他提供怎样的帮助。而爸爸妈妈,只会对晓轩计划中不够清晰或者不够实际的地方,用启发式的提问,引导晓轩思考完善,这就涉及了 RAPC 动力模型的第 3 步。

P（positive）：正向帮助，把孩子的困难具体化，变成一个可执行的目标。

我们在第一章中已经介绍过，所谓正向帮助，就是当孩子遭遇困难、犯错或出现不良行为时，不要通过压制和惩罚，而是积极采用各种方法，调动孩子自身的资源，启动孩子自我改进的力量。晓轩的父母就针对儿子目前存在的问题，采用了"具体化"的引导方法，帮晓轩把困难变成可执行的目标。

不少孩子在面对挫折时，很容易把问题扩大化，形成一种定义化思维。例如，"我数学不好""我作文不行""我跑不快""我听力太差"等。这种定义好像一种天生的缺陷，会把孩子死死套住，当遇到困难时，孩子就会经常不战而退。晓轩也是这样，他在自己的计划中，提到希望能够趁寒假提高他最弱的语文和英语，但是晓轩又认为自己的记性不好，根本学不好这两门课。

这时，晓轩爸妈就要把晓轩从这种定义化的思维中解脱出来，要引导儿子把他所遇到的困难具体化，聚焦到几个可以改善的点上。比如晓轩的语文，他真的是不善于记忆吗？真的是什么地方都学得差吗？爸爸通过协助晓轩再次分析他的语文试卷后发现，晓轩除了对一些字词的读音和运用掌握得确实不太好之外，像古文这样需要记忆的项目，他掌握得其实并不差。而且，因为晓轩平时很喜欢读一些科普类的课外书，他在拓展知识方面还具有一定的优势。而晓轩真正的弱项在阅读理解方面，在这次期末考试中，有一道阅读理解的大题，晓轩就几乎被扣掉了全部的分数。

望着晓轩越来越暗淡的眸子，爸爸鼓励儿子："不要气馁，咱们现在就把导致你阅读理解失分的'拦路虎'给逮出来。"爸爸发现，晓轩做阅读理解时，不是没有把问题回答全，就是

根本没有理解题意，想当然地去作答。比如，有一道题是这样的：本文第1自然段运用了 _____ 的表达方式。请根据你自己的理解，谈谈作者运用这种表达方式的目的。但是，晓轩根本没有搞懂题目中所说的"表达方式"是什么意思，便只能按照自己的猜想随便填写，自然难以得分。经过父子俩的共同总结，晓轩终于发现，自己眼中的"语文总也学不好"，其实只是"对语文阅读理解的题意把握不清"，所以他下一步的目标只是提高对阅读理解类题型的理解能力。

在爸爸的协助下，晓轩咨询了一位比较有经验的语文老师，老师建议晓轩先从研究阅读理解类题型的标准答案做起，通过标准答案倒推回对一些常见问题的理解，并对知识点进行总结，从而弄清自己具体的任务和方法。晓轩一下子就兴奋起来了，他兴致勃勃地为自己制订了新的计划：①总结语文现代文阅读理解常见题型及其含义；②对照标准答案，总结几种常见题型的答题技巧和方法；③根据以上方法，每天做一种常见题型的专项练习。

你看，很多孩子可能都在语文的阅读理解上有困难，但是每个人的问题却是不同的，别人身上适用的方法，拿给自家孩子，可能不一定奏效。

我们很熟悉一种说法叫"熟能生巧"，认为只要通过大量的练习，练多了，也就会了。但是你要知道，所谓熟能生巧，一定要建立在你了解自身特点和需求的基础之上，知道自己该在什么方面付出努力。

不能因为孩子阅读理解能力不强，就让他拼命刷题，每天练就会练好。如果连要练什么、怎么练都不知道，孩子就很容易陷入巨大的挫败感中，以致不愿再去练习。这就好比孩子原本是拿着一把破斧头去砍柴，斧头很钝，手柄是裂的，砍柴时用的力气也不对，那么无论怎么练习，柴都砍不好。所以，孩子首先需要找到"砍不好柴"的具体原因，是需要着力"磨刀"，还是"修手柄"或是改善"砍柴的方式"等。实际上，这就等于要先确定该如何做或者练习的方向。这时孩子再去练习，就会更容易看到自己能力的增长，会体验到一种胜任感，他的学习自信和兴趣也才会逐渐建立起来。

C（competence）：增加能力感，发现孩子的隐性进步。

在孩子的成长过程中，像"我能""我可以做到"这样对自己能力的信心是非常重要的。在前面提到过，孩子在做一件事的时候，如果总是反复体验失败，迟迟达不到期望中的那个结果，那么这件事在孩子的经验中就会始终得不到强化，多数情况下，孩子会因此开始厌恶这件事，并会开始相信自己真的做不到。这时作为父母，就需要帮助孩子在实践中看到自己能力增长的过程。

在教育心理学中有一个策略，叫作"塑造"，也叫"连续接近技术"。简单地说，就是在引导孩子学习的时候，不要等到孩子完全达到目标时，才告诉他完成得不错，而是要在他做这件事的过程中，及时看到他的进步，并对这个进步的行为进行强化。

英语也一直是晓轩的老大难问题，学习语言没有捷径，增强语感是非常重要的一环。晓轩跟着录音读了一个多小时课文，却还是没能读熟。他有点沮丧，觉得英语太难了，总也达不了标。妈妈认真听了听晓轩的跟读，告诉他："你课文的前两段读得比昨天流畅多了，而且你在努力把发音向领读上靠，是吗？果然越来越标准了。"晓轩仔细一想，好像是这样的，刚刚低落下去的热情又重新点燃了一些，于是鼓了鼓劲儿继续进行练习。

一家人去影院看了新上映的美国大片，回来的路上，妈妈笑眯眯地对晓轩说："刚才看英语电影时，我听见你不自觉地跟着念出了不少熟悉的单词，是不是？这说明你这段时间的听力练习有效果啦！"

　　这其实就是在帮晓轩看到他的能力一直在提高、他的努力是有成效的。在这个过程中，孩子对自己能力的胜任感，就会逐渐累积，这将使"努力学习"真正成为孩子生活中一个有方向、有动力、有方法的实际行为。

培养心理弹性:在失败和成功的过程中汲取能量

孩子之所以害怕失败和挫折,其中一个很重要的因素是因为他在面对困境时是失控的、无所适从的。所以,我们帮助孩子的目的,其实就是为了使他们逐渐拥有对问题的掌控能力。

♥ 深夜砸东西的孩子 ♥

潇潇是个身材娇小、皮肤略显苍白的小姑娘,她的眸子里散发着与她 12 岁年龄不相称的沉重和忧虑。介绍她来找我的朋友是这样形容她的——重点学校尖子生,年级成绩名列前茅。但是潇潇妈妈带她来咨询时却说:"这孩子晚上学习时,经常会突然大哭,甚至还会发脾气、砸东西。家里的杯子和碗都让她砸碎好几只了。"

我问潇潇:"人在非常着急、烦躁的时候,才会砸东西,是吗?所以当时,你在想什么?"

潇潇一下子哭出声来:"我再也不想学英语了!"

潇潇成长在一个单亲家庭中,5 岁时父母离异,她和妈妈相依为命。妈妈对潇潇的要求很严格,一心要把女儿培养成出类拔萃的人。潇潇也是个懂事的孩子,知道妈妈的辛苦和付出,为了不让妈妈操心,她学习很努力,成绩也一直在班里甚至年级保持前列。但是,自从升入小学高年级,随着功课越

来越难,潇潇相对较弱的英语成绩开始下滑。一次,英语老师当着全班同学的面指出潇潇的口语发音不准确,要她好好练习。没过多久,英语课外班的老师也批评潇潇的英语听读不过关。要强的潇潇一下子急了,主动给自己加时、加点做练习,可没想到的是成绩却并没有提高,这让潇潇受到了很大的打击,以至于现在一学英语,她就会想起老师批评自己时的情景,也会懊恼自己似乎永远也上不去的英语成绩。

"我真担心英语会再也学不好了,然后其他功课也会像英语这样开始落后! 会不会因为这个,我就考不上好中学了……"潇潇边哭边说。听到这儿,坐在一旁的妈妈相当震惊,在她看来,女儿的英语虽然相比其他科目是弱了一些,但就总体而言却并不算差,成绩也只是一时的下滑,没想到这竟会给孩子带来如此巨大的心理压力,甚至到了要砸东西发泄情绪的境地!

不少父母可能都会像潇潇的妈妈一样,惊异于孩子会在一些成人眼中看似再平常不过的困难面前折戟,甚至深陷在这些失败和挫折之中久久难以自拔。

但是,当你真正静下心来,耐心地倾听一下孩子脆弱情绪背后内心真正的声音,你会发现,他们真实的担忧往往是这样的。

"我再也学不好英语了。"(永久性判断)

"我怎么努力都没用,我没有能力做到。"(过度概括,习得性无助)

"其他功课也会像英语这样开始落后……"(随意推论)

"我考不上好中学,就会上不了好大学、找不到好工作。"(扩大化)

"老师会讨厌我,同学会瞧不起我。"(灾难型联想)

"别人都能做好，我却什么都不行。"（绝对化思维）

这些内心独白有一个共同特点，那就是：他们在问题面前是失控的、无助的，他们不相信自己有能力去采取行动改变局面。

帮孩子面对失败和挫折，成人需要先做到两个接纳

1. 接纳孩子的失败：从失败中，你看到了什么？

如果你从孩子的失败中，看到孩子如果考不好，将来就考不上好学校或者觉得自己很失责、没有培养出优秀的孩子。那么孩子将难以正确看待他的成绩，很容易在挫折面前退缩。相反，如果你帮孩子把失败和困难当作一种磨炼，并从失败中汲取能量，他就会发展出更多的自信和力量。

让我们来做个游戏。请你想象这样一个有趣的挑战赛现场：参赛者们按照不同职业背景或年龄段分组，每组成员被要求在 18 分钟内，用 20 根生意大利面、一块棉花糖、一卷胶带和一捆绳子搭建一座尽可能高的意面棉花糖塔，要求棉花糖必须出现在塔顶。在规定时间内，塔搭得最高的一组获胜。

现在问题来了，有这样两个参赛组：一组是即将从著名商学院毕业的优秀的 MBA 学生；而另外一组，则是一群还在读幼儿园大班，平均年龄不满 7 岁的孩子。那么，在你的想象中，这两组团队哪一组会获胜呢？

不少人会立刻回答："结果毋庸置疑呀，商学院学生无论是从年龄、经验还是知识技能的掌握上都远远超过幼儿园的孩子，当然是商学院学生那组获胜了！"

然而，来自加拿大的思维专家汤姆·伍杰克策划的多场"意面棉花糖挑战赛"，为我们揭示了一个令人瞠目结舌的比

赛结果:幼儿园的孩子们在"建塔"挑战赛中的平均成绩相当出色,把商学院学生远远地甩在了后面! 比赛过程中究竟发生了什么,为什么会出现如此意外的结果呢?

原来,商学院的学生们过于追求一个"绝对完美和正确"的解决方案,他们在比赛过程中,花费了大半的时间进行充分地讨论、思考和设计,期望能尽量避免犯错,只在最后关头进行一次真正的尝试,然而,这个尝试却以失败告终。

反观幼儿园的小朋友呢? 他们可不懂什么最佳解决方案,他们的做法非常简单粗暴:先以最快的速度搭建好一个尽可能高的塔,如果塔在搭建过程中坍塌了,没关系,参照前一个塔重新改进就是了。就这样,在 18 分钟内,孩子们接连尝试了 5 ~ 6 个形态各异的意面塔,不断尝试、不断改动,最终达成了一个相对理想的作品。

从这个结果中,我们看到了什么呢? 你会发现,失败和挫折恰恰提供给人们一个机会,让我们能从中不断总结经验、发现问题,从而不断改善,并慢慢达成一个更加理想的状态。每当孩子在学习中遇到困难或者考试没考好时,父母都可以为他树立这样一个理念:"太好了,咱们又发现了一个新问题,一旦把这个问题解决,你就又可以上一个台阶了。"

2. 接纳和认同孩子面对失败和挫折时的情绪。

孩子只有在能感到自己是安全的、被接纳的,才能够发展出对抗压力的能力。

当潇潇因为英语没考好而伤心时,妈妈如果只是安慰潇潇:"一次没考好没关系,咱们下次再努力,一定没问题的。"这样真的能帮助潇潇从糟糕的情绪中解脱出来吗? 答案是否定的。因为妈妈的目光仍然锁定在成绩上,敏感的孩子一下就能听出来:"妈妈其实也是对这个成绩失望的。要是我下次还会让妈妈失望可怎么办?"

如果妈妈能先关注潇潇的感受,认同她的情绪,对她说:"妈妈看到你特别失望、伤心,因为你太想赢得这次考试了。"妈妈的话点到这里就可以了,这会让潇潇感到,妈妈在乎的是她的感受,而不仅是一个成绩。这就好像为孩子被负面情绪控制的大脑疏通了回路,孩子知道大人理解她的心情,就会很容易从强烈的负面情绪中平静下来,开始理智地去看待问题。

帮孩子建立心理弹性的三步法

孩子害怕失败和挫折是由于他们在问题面前是失控的,并且缺乏心理弹性能力,因而会感到无能为力。我们帮助孩子的目的,就是为了使他逐渐拥有对问题的掌控能力,这里可以使用帮孩子建立心理弹性的三步法。

1. 成长型思维,为孩子树立"暂未获得"的理念。

成长型思维的概念是由心理学家卡罗尔·德韦克在她多年研究的基础之上提出来的。她把人的思维模式分为:固定型思维和成长型思维。

持固定型思维的人会认为,一个人的能力是天生的,后天难以改变,要想证明自己的天赋才能,只能通过做事的结果体现;而具有成长型思维的人则认为,天赋只是一个起点,人的能力、优势可以通过后天的锻炼获得大幅提升。一个人是否成功,这来源于这个人通过不懈努力、不断进步的过程。

举个例子,同样是面对考试的失利,大部分孩子都会感到很不开心。但是,多数成长型思维的孩子会想:"哎呀,还以为新学的内容不会考呢,没想到却考到了,下次我一定把学过的东西都复习到。"而固定思维的孩子则可能会觉得:"我怎么这么笨呀,永远也考不好,下次我再也不考了。"

看出区别了吗？拥有成长型思维的孩子在面对失败时，会把原因归结为一种可控的、可以改变的因素。例如，会认为自己不够努力或做事的策略不佳，从而积极地想办法去改善；而持有固定型思维的孩子呢，他们更倾向于把失败解释为一种因稳定的、不可控的因素所导致，以致相信自己没能力改变。遇到困难时，更容易退缩不前。

在帮助潇潇的过程中，我会更注重于改善她原有的思维模式，使她从之前那种"无论如何也做不好"的死胡同中走出来，打开她视野的宽度。

我问潇潇："假如把学英语的过程比作攀登一座高山，山顶代表英语国家人群的语言程度，你现在刚好在半山腰，可能正在经过一段非常陡峭的山路，途中你总是会跌倒，然后滑下来。但是，你坚持往上爬，不停地调整攀爬方式，你肌肉的力量会逐渐增强，攀登技能也会慢慢提高。最终有一天，你会抵达山顶。那么，你是否允许自己现在暂时的还未登顶呢？"

潇潇一听，眼睛立刻亮了，她毅然决然地回答："当然允许了，只要我最后可以到达那个顶峰，中间遇到多少困难我都不怕。"她一下子就有了信心，当天回家再次学习英语时，心情也变得平静了很多。

从"我不行"到"我暂时还未达到"，等于给孩子输入了两种信念。

◆ 能力增长的信念。

一个人的能力是会变化的，可以通过不断练习、不断积累获得增长。就像打游戏一样，你刚刚进入时，级别很低，也没有什么装备。但通过在游戏中不断寻找技巧、进行练习，最后就能一步步通关，达到更高的级别。

◆ 视困难和失败为一种正常且有益的事件。

迈克尔·乔丹曾说过："我职业生涯中有 9000 多次投篮不中,输过将近 300 场比赛;有 26 次我被期待投出决胜球,但是我没有投进。但我人生中一次又一次的失败正是我成功的原因。"

在法国的一项关于 11 岁儿童的研究中发现,当孩子在解决问题的过程中遇到失败和挫折时,如果成人能帮助孩子理解他所遇到的这些困难是学习和成长的过程中完全正常的事情,那么失败带给孩子的心理影响将被抵消很多。

父母一定要让孩子知道,没有谁能保证一生始终都走正确的道路,不会经历过挫折和失败。现在经历的这些问题,恰恰是为将来面对相似问题时,所积累的宝贵经验和力量。

2. 引导孩子从失败和成功的过程中汲取养分。

如果孩子仅仅把目光盯住成绩这个结果,就很难注意到自己的行为过程和目标结果之间的关联。一旦不能获得期待中的成就,孩子就很容易纠结在失败的结果之中,并会产生深深的无力感。所以,我们需要把孩子的目光从结果这个唯一的关注点上调开一些,要让他们看到自己行动的过程,这样可以大大地增强孩子内心对问题的掌控感,更能有效地锻炼孩子大脑前额叶皮层对自身行为的分析、策划和监控能力,这种能力叫作反思,又称为元认知(本书将在第五章专门介绍如何培养孩子的元认知能力)。

(1)引导孩子正确看待失败的过程。这个过程包括两个方面。

第一个方面:虽然成绩不理想,但其中做得比较好的方面有哪些?

这是为了把孩子的目光从面对失败时的挫折感中移开,让他看到自己之前经过了怎样的付出,并且这种付出取得了

怎样的效果。

一次，潇潇的英语测验成绩又不太理想，但是妈妈看到潇潇的英文写作只扣了两分，就对潇潇说："宝贝，我发现你的英文写作进步好大呀！还记得你刚开始写英语作文的时候，总是说不知道写什么，还经常会有很多语法错误。后来你研究了好几套英语范文，还准备了一个摘抄本，把优秀的表述方法对照着做了很多练习！从这次的考试来看，你前一段时间的练习真的有效果了。看来咱们下一步，就差听读这部分需要提高了。"

潇潇本来还因为不理想的分数而沮丧，但是妈妈的提示让她能用一种全新的视角去看待考试结果。正如咱们前面分享的，孩子学习的过程像极了登山，如果只盯住眼前的失败，那么挫败和无力感就会愈发严重。如果能帮助孩子将关注放在自己攀登技能是如何增长的，肌肉是怎样一点点加强的，以及沿途已经战胜了多少困难，她就会有了前进的勇气。她会思考："哦，原来通过那个方法，写作就可以提高，我的努力没有白费。既然写作可以找到方法，那听读也应该可以找到方法吧？妈妈就对我很有信心啊。"

当孩子把目光放得更远、更开阔，她对自己的学习状况就会有一个全面的认识，就会勇敢地迈出改进的步伐。

第二个方面：现在这个困难或失败是什么原因造成的？我们还可以尝试用什么方法来改善？

了解到自己在什么地方已经取得了进步，妈妈再去鼓励潇潇发现自己英语听读困难的原因就会更加顺理成章。对于这次考试英语听力成绩的不理想，妈妈是这样引导潇潇去思考的："你平时看英语动画片时，经常可以把内容理解得很好啊？想想看，做听力练习和平时看英语动画片有什么不一样呢? 什么地方让你感觉最困难? 这些困难,你又是怎么应对的呢?"

潇潇仔细回忆了一下,说道:"我做听力练习时,经常会听到一些词汇很耳熟,可就是想不起来它的意思,于是拼命去搜索记忆,可这就会影响下一部分的听力内容。尤其考试的时候,有一个地方听不清,就会感到特别紧张,这也会影响做题效果。但是平时看动画片时,我就不会太在意每个单词的意思,只要了解人物对话的大概意思就可以了。"

经过和妈妈这么一分析,潇潇了解到自己听力练习的问题,一方面确实是因为一些词汇和短语不够熟练,而另一方面则出在做题方法上,容易因为一个听不清的词而较真儿,以致影响整体的听力效果。通过对困难清晰地分析,潇潇一下子豁然开朗,原来并不是自己没有能力,而是对词汇的熟练度和做题方法的问题,并且这些完全是可以改变的!

有了方法,孩子在以后的练习中,不用大人去说,就会有意识地去改进。等到她真的把英语听力做到熟练,那种喜悦的心情,包含的不仅是对好成绩的开心,更是一种对做事的掌控感,这是孩子从失败中获得的礼物。

(2)在孩子取得成功的时候,父母也要及时帮他去思考成功的过程。

不少父母可能会奇怪,既然成功了,还有什么需要思考的呢?

有位母亲曾给我留言说,女儿一直在学习小提琴,之前无论考级还是参加比赛,成绩一直很突出,是老师和父母口中的"音乐小天才"。然而,在一次区里举办的小型比赛中失利后,小姑娘就死活不肯再参加任何比赛了,她甚至在寒冷的冬天穿着单衣吹冷风,以期望把自己冻病来逃避比赛! 这位妈妈

非常惊愕,原来一直认为女儿平时的争强好胜是有上进心的表现,却没想到一直优秀的孩子,会因为害怕失败,用这种方式逃避问题。

我问这位妈妈:"你说孩子一直很优秀,那么当她拉琴每次取得好成绩时,你是怎样回应她的?"

母亲茫然:"这有什么关系嘛?"

"当然有关系。其实,孩子获得成功时,家长对她的引导,恰恰决定了她面对失败时的态度。"我们假设小姑娘刚刚参加小提琴比赛得了冠军,作为她的父母,你会怎么说? 下面有 3 种说法,你会选择哪一种呢?

A:哇,宝贝,你太厉害了,像个小音乐家!

B:你比那些高年级组的学生演奏的分数都高,不愧是我闺女!

C:宝贝你进步真大,妈妈听到你把这首曲子的难点都练熟了,而且拉得特别有感情,我很高兴你这么喜欢小提琴!

这位妈妈犹豫了,她认为选项 C 的说法最好,但也承认自己实际上使用的多数是选项 A 和选项 B。

实际上,选项 A 和选项 B 的夸赞方式,可能会带给孩子一种理念,就是比赛的唯一目的就是赢;而且,除非自己一直比别人强,否则就不能获得大人的喜欢。因此,即使孩子这次赢了,下次也一样会恐惧失败。要让孩子勇于面对失败,就需要在他成功的时候,把他的目光导向成功过程中的收获,而不单单只是结果。选项 C 的祝贺方式,就既告诉孩子你进步了,又具体地让她知道自己的进步是因为把原来不熟的难点都练熟了;而且,她之所以演得好,是因为她在演奏中投入了感情,妈妈为她真正喜欢小提琴这件事本身感到高兴,而不仅仅是赢这个结果。

这样,孩子就能获得比成功的结果更重要的礼物——成功的经验:我做得好是因为我下功夫去练习那些难点,遇到困难时我坚持下来了;而更重要的是,我喜欢演奏出美妙乐曲的那种感觉!

3. 赋能式坚持:让孩子从成功经验中获得力量。

我们在前一节提到过"习得性无助"这个概念,就是孩子之前在学习上经历过太多的失败,如果没有得到适当的引导,他就会把失败的原因归结为一种稳定的、不可控的因素,如"我永远也学不好""我数学能力太差",那么当他面对学习中的困难和挑战时,就会轻易放弃。要解除孩子在困难面前的这种无助的状态,就需要帮助孩子在他的日常生活中,不断获取成功的经验。

有的父母一听就急了:"如果我的孩子很少有成功的经验怎么办?他遇到困难总是放弃怎么办?我要到哪里去给他找成功的经验呢?"

说到这儿,让我再来和你分享一个故事。

在第一章我提到过自己中学时的一段经历,在经历过焦虑、抑郁和对学校生活的适应性障碍,我终于战胜所有的恐惧,鼓足勇气再次迈入学校的大门。除了我和班主任老师,没人知道我是一个已经休学 1 年之久的往届学生,更不会有人知道,我的成绩比这个班级最后 1 名还差了 38 分!我就是以这样一个垫底中的垫底作为起点,开始了我崭新的学习生活。

尽管有老师随时的帮助和指导,尽管在这之后的 3 个月中,我付出了以往 10 年学业生涯中从未有过的努力。然而,那时我既不知道成功的形态,也不清楚自己究竟要到什么时候、在什么样的关键任务上,才能够拥抱一次在梦中都未曾获得过的胜利。

正是在这种既充满期待又忐忑不安的心境中,我入学后的第一场重要考试——期中考试静悄悄地降临了。或许太久未经历大考的考验,紧张、不安和自我怀疑,各种感受交集成沉甸甸的压力一股脑扑面而来,我一时招架不住,终于在考试前一天病倒了,体温超过了 39℃。鉴于我从小就有为了避免上学和考试而装病的"光荣传统",这次生病对于精于逃避的我,来得如"救命稻草"般恰逢其时。我暗自盘算:"这下好了,病得这么厉害,没精力复习,刚好可以躲过这次考试。"于是,我加强了呻吟力度,不住地向一直照顾我的老师表示:我头好痛、浑身酸痛、恶心乏力、阵阵发冷……为的就是要证明,我已"病入膏肓",无法参加第 2 天的考试了。

老师不动声色,只是不断督促我喝水、按时吃药,为我测量体温并进行物理降温,期间一句也没有提考试的事。我开始相信,这次可以成功躲过考试,于是便渐渐安心地睡去。

第二天早上,体温已降到了 37℃,身体也已无大碍。老师让我穿上衣服去学校参加考试,我惊得身子直往墙角里缩:"我病还没好,也没有来得及复习,肯定会考砸,这次能不能就不去了?"

老师注视着我的眼睛,平静又坚定地说了一段令我一生都刻骨铭心的话:"孩子,你必须去参加考试。如果你这次退缩不前,就永远都迈不过自己心里的那道坎儿,也无法知道自己已经进步到什么程度,更不会相信自己其实真的可以做到。我让你去考试,就是相信你一定不会考得太差,你只有迈出这一步,才对得起自己这 3 个月来的辛苦和付出。不论最后成绩如何,你今天能够战胜自己去考试这件事本身,就会让你今后更加充满力量。"

于是,我惴惴不安地踏进了考场。两天后分数下来了,结果出乎意料,我的成绩从开学时的倒数第 1 名,一跃到了班里的正数第 14 名。在短短 3 个月的时间,我前进了 28 名,实现了生命中的第一次大逆转。这次普通的期中考试也由此成为了我人生中意义最重大的考试之一,我获得的不仅是一次成绩的巨大进步,更收获了一个重要的成功经验,增强了我做事的效能感和对问题处理的掌控感。在这之后的学业生涯中,包括高考、出国考试、异国求学……我仍会与各种困境时时相遇,但因着那次经验,使我之后在挫折面前开始不再瑟瑟退缩,而是屡屡设法应对,直到取得理想中的目标,我的自信心也逐渐建立起来。

当年,老师帮助我面对考试的过程中,她做了些什么呢?

(1)传达给孩子一种信任,用行动告诉孩子,我知道你可以做到,因为我看到你付出了什么样的努力,你已经拥有了怎样的条件。

(2)我坚持让你去做这件事,就是为了让你看到自己已经拥有的能力和进步,为了让你对自己更有信心。

这其实就是通过坚持,给孩子赋能的过程。

当然,我们要引导孩子看到的,不是说他付出这个努力、迈过这道坎,就一定会取得好成绩。很多时候,孩子能力的提高是潜移默化的,他努力的行为可能并不会在成绩中马上体现出来,这时要怎么给孩子赋能呢?

比如一个孩子的学习状况确实比较落后,甚至每天把作业顺利完成都成问题。当做题遇到困难时,自己做不出来,父母给他讲解后,他便一边哭一边做,可直到该睡觉了,还是没有完成。这时家长该怎么办呢?

这看起来是一个很失败的经验,但是如果仔细观察你就会发现,这个孩子即使一边哭一边做题,他也一直都在坚持。

这是不是说明他的自制力在提高呢？他是不是在克服困难呢？那他做这种题的经验是不是也在积累和提升呢？答案都是肯定的。

父母这时可以告诉孩子："宝贝，你看你之前一遇到困难就放弃，但今天你坚持了这么长时间，这说明你比以前更有毅力了，而且，妈妈也看到你用了这么多方法去解这道题，已经把第一步解出来了。这样你下次再遇到这种题，就一定会做得更好啦。"虽然没有看到所谓圆满的结果，但是对于孩子，这依然是一个成功的经验，当他以后再遇到同样的问题，他会更有力量去坚持，并且会一次比一次做得好。

亲爱的父母朋友们，我不知道你们中间有多少人正为孩子的学习问题而焦虑、苦恼。虽然孩子上学的这段时间只占他人生的 1/5，却为什么如此重要呢？学习对孩子意味着什么？是学习知识和技能吗？还是为进入更好的学校以保证他将来在竞争中取胜？可能这些都不全面。孩子在上学的这段时间，最重要的是积累人生的宝贵经验，掌握如何面对挫折、如何克服畏惧，能想出各种方法去解决问题，并在这个过程中逐渐建立自信，发展出面对人生困难和挑战的心理弹性。

作为父母，其实更多的是坚持、是陪伴，是和孩子一起面对各种挑战。当然，这个过程可能会很艰难、很痛苦，却也将是我们送给孩子一生中最重要的礼物。

巧用激励策略,激发学习动力

前面我们一直在谈当孩子在学习上遇到困难和问题时,作为家长要如何帮助他重新建立学习动力和自我信任感。有不少父母会问我,那是不是多用像表扬、鼓励、甚至奖励这样的方式去激励孩子,他就能够建立起学习自信呢?

其实,父母该如何激励孩子是有很大学问的,如果激励的方法不对,可能还会适得其反。JJ 就是这样一个典型的例子。

💙 被过度夸赞击垮的孩子 💙

JJ 是个 9 岁的小姑娘,她是父母、老师眼中的"小神童",同学及其家长眼中的"别人家的孩子"。她和家人第一次来找我时,人都还没有坐稳,JJ 妈妈就开始滔滔不绝地夸赞起女儿的优秀:智商测验 140 分(智商 130 分以上就属于超常范围),从小识字、算数一教就会,且过目不忘,5 岁就上了小学,成绩名列前茅;钢琴八级、长笛六级,绘画出色,在全国乃至国际儿童画比赛中多次获奖……

坐在一旁的 JJ 听着妈妈对自己的评价,表情十分丰富,一会儿显出有些得意,一会儿不好意思地抓抓脑袋,一会儿又会撇过头去,不住用余光观察我的表情……但有一点很明显,这个孩子的神经一直是紧绷着的,她的眼神中流露出紧张的情绪。

　　她妈妈也看出了我的疑惑，重重地叹了口气，这才向我说明他们的真正来意：JJ 近半年来，逐渐出现一些"怪异"的行为，如话变得越来越多，上课经常随便接下茬、干扰其他同学听课，甚至还会对着镜子给自己画了个"小鬼脸"，逗得全班哄堂大笑。平时在家练画时，经常会画着画着就把画纸撕碎了，连着好几天都画不出一张完整的画。一开始，父母认为这只是 JJ 对自己要求严格的表现，但是在刚刚过去的期中考试中，JJ 竟然将刚做到一半的考卷撕碎，直接放进嘴里吞。这下可把父母和老师吓坏了，他们这才开始考虑孩子是不是出了什么心理问题。

　　在我和 JJ 单独接触了一段时间后，小姑娘对我说出了心里话："老师，我怕我要是得不了第一怎么办？"

　　原来，JJ 的爸爸妈妈一直以有这样一个聪明、优秀的女儿为荣，逢人就夸赞女儿的"荣誉史"，还不断让 JJ 参加各种大赛，以扩充她的履历。在学校也是一样的，无论什么赛事，老师都会第一个把 JJ 推上前去。这些所谓的"重视"和"欣赏"逐渐给 JJ 带来了沉重的压力，她开始担心自己如果不能取得好成绩，会辜负大人们的信任。而且，已经习惯于被重视和被夸赞的她，更加恐惧自己如果得不了第一，会不会就不再是那个"聪明""优秀"的孩子，那样大人们还会喜欢自己吗？这些焦虑使 JJ 开始不断地做出诸如上课捣乱等行为，以此来吸引大人的注意，同时，一旦发现有自己不会的题或没画好的画，就会联想到自己可能"得不了第一"，所以宁愿把试卷撕毁，甚至吞掉，也不愿让大人们看到。

表扬也要有原则

　　我处理过的案例中，像 JJ 这样被成人"过度夸赞"所击垮的孩子并不少见。发展心理学家卡罗尔·德韦克通过研究观察发现,在儿童早期相对容易的学习任务中,如果过度称赞孩子一些天生的能力、特质,如聪明、智商高等,反而会使孩子在面对更复杂的任务时,出现退缩不前、放弃努力,甚至焦躁不安等行为。

我问JJ妈妈:"你每次激励JJ做事的目的是什么呢?"

JJ妈想了想说:"激励她,当然是为了让她把好行为坚持下去,发扬光大啦!"

我点点头说:"也就是说,要判断我们对孩子的激励是不是有效,一个主要的标准就是要看这种激励能否促进孩子良好的行为,对不对?"

注意,这里说的是促进孩子良好的行为,绝不是把表扬作为一种控制孩子的手段去迫使孩子服从,而是通过提供有效的反馈,给予孩子信任和支持,让孩子逐渐拥有自我发现的能力,使他们在做事的过程中,不断提升自身面对困难和解决问题的能力。

教育心理学研究发现,一个人在面对挑战、解决问题的过程中会采取什么行为,往往取决于他内心的目标定向。什么是目标定向? 说白了,就是这个人的内心对他所追求目标的评定,他要知道"我为什么追求这个目标"以及"可以通过什么标准来判断,自己在通向这个目标的路上已经获得了进展"。

人们在追求目标定向时,有两种最常见的类型。

1. 掌握目标,即学习和做事的核心是为了能够提高能力、掌握知识、获得进步。

2. 表现目标,即学习或做事的重点是为了获得成绩、显示能力及表明自己比他人更有价值。

在大多数情况下，内心多持掌握目标的人，他在学习或做事的时候，会更愿意接受挑战，当遇到困难时，也能够坚持不懈地寻找各种方法来解决问题。

相比之下，内心总是持表现目标的人，则更愿意选择一些显得他很有能力的事情去做。因此，他会非常注重成绩、分数或别人对他的评价，而不是自己真正能学到了什么。

需要说明的是，这里并不是说孩子持有表现目标就一定不好，我们都知道，追求卓越、争取不断地超越，这都是人类几千年来持续进步的内在动力。更何况，让一个孩子做事却不看中结果，也是不现实的。孩子正是通过在成长中，不断和他人比较、不断从成人那里获得对自己的评价和认同，而逐步建立对自我的认知和自信的。而一件事的结果，也正是对我们做事的过程、方法及努力程度的反馈。

但是如果孩子做事的目光仅仅停留在表现上，在他连续遭遇失败、困难和挫折的情况下，就很可能会因为无法获得成就而担心他人看低自己、感到惶恐不安，也会因而更倾向于找理由逃避。这种状态显然不符合我们对孩子的教育期望。

有了这个标准，我们就可以来分析一下，父母平时激励孩子最常用的表扬、鼓励和奖励，应如何更好地加以运用。

鼓励比表扬更具备激励作用

在 JJ 的成长中，每当她做好一件事或考试成绩不错时，就会迎来父母这样的夸赞："哇，又考一百分！我闺女就是聪明！""嗯，闺女随我，学什么都快！""你们班只有两个人得 100 分，其中就有你？我女儿太棒了！真给妈妈争气！"

同样，有的孩子当他考试成绩不理想时，父母也可能会这样激励他："你这孩子呀，本来特聪明，就是不努力。其实你只要稍微一努力,成绩就能上去了!"

这样的方式对孩子有没有激励作用? 还是有一些的,大部分孩子听到这样的称赞,开始都会很开心,也会希望把良好行为继续下去。可是当孩子遇到挫折时,以上的方式能不能对他有指导意义,使他有力量克服困难坚持下去呢? 这恐怕就很难了。因为这种表扬或鼓励的方式,存在以下 3 个问题。

1. 过多地把孩子导向表现目标。

当父母总是夸孩子聪明、逻辑思维强、能考满分等时,这些都会指向什么? 要么指向能力,要么指向最后的那个成绩结果。孩子会因此相信,只有天赋和结果才是重要的。他以后在做事时,会更容易把注意力集中在这些表现目标上,而非做好这件事本身。就像 JJ,她在画画和考试中一旦遇到困难,就会想:"我这次要是不得第一名,爸妈是不是就会认为我不聪明了?""要是这道题我做不出来,是不是他们就不那么看重我啦?"为了保持自己"聪明"的形象,她宁愿选择不努力,并且还会找理由退缩。

2. 错误引导孩子形成固定型思维。

在上一节中提到过,固定型思维的人会认为能力是天生的,后天难以改变。著名心理学者卡罗尔·德韦克(对,就是提出成长型思维的那个人)在她的研究中发现,总是对孩子天生的能力因素(如聪明、漂亮、有运动细胞、基因好等)进行表扬,会改变孩子做事的归因方式,让孩子做事时很容易把注意力聚焦在自我而非做事本身。比如,当一个孩子总是被夸聪明、漂亮、有运动细胞,他会更容易把目光放到自己的先天优势上还是后天的努力上呢? 答案当然是前者。

这就造成一个问题,当这个孩子发现,有人比我做题

更强、跑得更快,就会认为:"他们比我更聪明、更有运动天赋。"一旦如此,孩子会很容易选择逃避挑战、放弃努力,因为他不相信自己可以通过努力做得更好,会导致孩子最终的自我怀疑。

3. 只看结果,不看过程。

"你考100分是因为你特别聪明。""你只要一努力,成绩就会提高。"……

这些表扬方式还有个共同点,就是只强调成绩结果却没关注过程。于是,孩子不知道究竟要通过什么努力才能使自己这样棒。其实,我们最需要让孩子知道的是:对大多数人来讲,没有任何事是"稍微一努力"就可以做到的,要想做好一件重要的事,就需要付出艰辛作为代价,只有在不断克服困难的过程中,才能接近目标。

在一些针对儿童学习动力的研究中,学者们发现,表扬并不是学习的有效促进因素。教育学者约翰·哈蒂等在其著作《可见的学习与学习科学》中也提到:"过多的、连续的表扬违背了行为主义心理学一个不可动摇的准则——只有间歇性和不可预测的强化才会产生强而持久的习惯,而持续的、可预见的强化一旦不再呈现,反而会使人停止努力。"

聊到这里,JJ妈妈恍然大悟,她终于明白为什么JJ经常会做出一些"奇怪"行为,之前过多的表扬让女儿误以为大人如果不表扬她就说明自己做得不好、不被喜欢了,一旦不能用优异的成绩赢得赞美,她宁愿用各种违规的行为来引起关注。

很多父母可能仍然会困惑,既然过多的表扬不合适,那么该用怎样的方式激励孩子的行为比较好呢?研究发现,相比起表扬、赞美,反馈性的鼓励更容易促进孩子行为的进步,表扬更多针对的是能力和成绩,而鼓励则更多针对的是做事的态度和行为。

鼓励孩子的"PAPS 原则"

什么样的鼓励方式能让孩子在成功时,认识到自己什么地方做得好,并把良好行为保持下去;在失败时,能积极发现自己的不足,并不断设法提高呢? 这就要求你在表扬孩子时,力求做到以下几点。

1. 把他的目光引向掌握知识、提高能力的过程。

2. 让孩子看到他在这个过程中,付出了怎样的努力、获得了怎样的成长。

3. 为孩子指明下一步如何做会做得更好的方向。

这里,我介绍一种在鼓励孩子时比较有效的"PAPS"原则,包括孩子努力的过程(process)、积极的态度(attitude)、具体的进步(progress)以及解决问题的策略(strategy)。

反馈努力做事的过程(process)。

最好的鼓励孩子的方式并非刻意的赞扬,而是直接对孩子积极、努力做事的过程给予反馈。

通过几次咨询后,JJ 的父母也开始认真地观察女儿努力做事的过程,当 JJ 拿着一张自己刚画完的作品仔细端详时,他们不再笼统地夸赞女儿"有天赋""比某某画得好",而是和女儿一起沉浸在对图画本身的欣赏中。妈妈会指着画中的湖水对 JJ 说:"这湖水很美,让我想起了咱们去年暑假去过的那个湖,水很蓝,透着幽静的感觉。妈妈看你刚才画画的时候,对着这个湖思考很久,是在思考怎么才能把这种感觉表现出来吗?"

JJ 眼睛亮了亮说:"是呀妈妈,我当时也想到了去年的那

片湖呢,一直在想用什么样的色彩表现会更好!"这样,孩子就会明白,做事时要全身心地投入进去,遇到困难时需要坚持,不断去尝试、去感受,用各种方法去解决,那么做事就会有收获。

对积极态度的肯定(attitude)。

有时,孩子虽然很努力地去做一件事,但是却没能获得良好的效果,这个时候要怎么鼓励他,让他愿意把事情坚持下去呢? 最好的方法,需要父母细心观察孩子做事的态度,对孩子的积极态度给予反馈和鼓励。

比如,你的孩子第一次参加演讲比赛,心里可能会有很多担忧。结果,哆哆嗦嗦地上了台,果然因为太紧张,没说两句就忘词了,没能成功地完成比赛。这时,你要怎么鼓励孩子呢?

如果你只是泛泛安慰他:"你讲得很不错,就是太紧张了,下次再勇敢点就好啦。"那么孩子可能还是会担心,万一下次还紧张、还会说错怎么办?

如果你能仔细观察孩子为此付出的努力,就会告诉他:"宝贝,这是你第一次参加比赛,心里一定很紧张。但是你还是鼓起勇气、坚持上台,并且你刚才在忘词的时候也没有马上放弃,而是尽量尝试去回忆,真是个勇敢的孩子。有了这次经验,咱们回去再去找找有什么地方是不熟悉的,等下次比赛时,一定会比这次做得好。"

这种鼓励能让孩子获得了什么呢? 第一,让孩子知道家长在这个过程中,看到了他积极、坚持的态度;第二,成功不仅是一个结果,更是不断努力的过程,每一次坚持,都在为下一次做得更好而增添经验。那么,下一次,孩子一定会更积极地去挑战自己。

描述具体的进步（progress）。

描述孩子在学习和做事时具体的进步，就等于在肯定孩子行为的同时，让他更明确地看到自己努力的方向。

比如，孩子数学考试分数不错，你可以对他说："这次有很大进步哦，考试前，你仔细地把错题本上的题都重新做了一遍，果然就有效果啦！"这样，孩子就知道了，考前认真复习是可以让自己获得进步的。

鼓励积极思考和解决问题的策略（strategy）。

比如，当孩子很努力地解出了一道难题，你可以这样和他说："这道题很难，但是你刚才一直在坚持解题，我看到你换了好几种方法。（描述努力的过程和积极思考解决问题的策略）你能告诉妈妈，最后你是用什么方法做出来的吗？（引导孩子反思做事的过程）"

暑假，全家外出自由行，孩子第1次负责制订旅行路线，结果大家玩得非常顺利、愉快，你也可以这样把感受反馈给孩子："宝贝，这次旅行多亏你设计的线路，既节省时间又囊括了所有咱们想去的景点。妈妈看你为此忙活了好几天，认真对比了各种不同路线的优劣，果然找出了最佳的一条，还咨询了那么多身边去过的朋友，果然功夫不负有心人，爸爸妈妈玩得特别开心。谢谢宝贝！"

最后，可能有些父母还是会有疑问："任何时候都不能夸赞孩子聪明、漂亮、有天赋之类的吗？"

其实，任何一种教育方式都不是绝对的，尤其当孩子感到极度沮丧、焦虑、对自己缺乏信心的时候，适当用一些天赋性的词汇鼓励孩子，有助于提高他的自信和坚持下去的勇气。但是，在运用这样的词汇的时候，一定要注意把它和一个可控的、努力的过程联系起来。

比如，当孩子因为怎么也背不出课文，认为自己很笨而哭泣的时候，你可以对他说："宝贝，其实你是个很聪明的孩子。上次学英语新概念课文，那么多难记的生词，你把不会的都抄下来了、早晚复习，还把它们放到课文中去理解，不是很快就记下来了？能找到这么好学习方法的孩子，怎么会笨呢？"

奖励的四项基本原则

说完表扬和鼓励，咱们再来谈谈另一种激励孩子的方式——奖励，说到这个，父母们的困惑就更多了。

一位家长曾给我留言说，本来开学时和儿子说好，他只要努力学习，期中考比上个学期提高 10 名就奖励他一直想要的玩具。儿子刚开始劲头还挺足的，可没过多长时间，态度就恢复到以前的懒散状态。这时再问他是不是不想得到玩具了？他竟翻了个白眼，满不在乎地说那就不要了！

奖励为什么失效了呢？咱们来看看奖励孩子这件事，是激发了他的掌控目标还是表现目标就清楚失效的原因了。

上面这位家长在激励孩子学习的时候，仅仅把奖励和孩子最后的成绩（提高 10 名）直接挂钩，显然，这个目标是指向孩子的表现。孩子在没有良好学习习惯的情况下，面对成绩提高 10 名这样一个目标，会感觉既遥远又缺乏具体的指导，因而会产生退缩的行为就不足为奇了。

此外，在 RAPC 动力模型中，自主是激发孩子做事时自我驱动力的重要因素之一。心理学家爱德华·德西在他的研究中发现，过多的外在奖励会破坏一个人的自主感，从而破坏他做事的内在动机。

谈到这里，估计不少爸爸妈妈该着急了，之前一直用奖励的方法激励孩子学习，难道自己错了吗？别着急，奖励的方法并不是不能用,相反,用对奖励还可以激发孩子的内在学习动机,保持孩子求知的热情。

下面咱们就来看看,如何用科学的奖励方法,来激励孩子学习。这里我分享给大家奖励孩子的四项基本原则。

原则一:当孩子学习自己感兴趣的科目时,尽量用精神支持和信息支持的方式激励孩子的良好行为。

奖励一般分精神和物质两种,物质奖励并非什么时候都是有用的。爱德华·德西在他的一项著名的调查研究中发现,当大学生在做一套有趣的智力题时,用奖金的方式去激励他们解题,反而会降低他们做题的内在动机,也就是他们为了满足内在兴趣和个人能力提升而去克服困难、追求挑战的动机。这就是著名的"德西效应"。

因此,当你发现孩子在某些事情上做得比较好,并且他也很享受做这件事的过程时,如弹琴、说英语等,千万不要用物质奖励的方式去激励孩子再接再厉,这样反而会降低孩子学习的欲望。

为了鼓励孩子进一步发展这些兴趣,你可以为他提供一些有用的精神和信息支持。比如,陪喜欢学英语的孩子一起看英文原版电影,讨论里面的发音方式;带爱弹琴的孩子去听音乐会,激发他对音乐进一步的理解等。

原则二:当孩子遇到不喜欢或者相对枯燥、困难的事情时,可以通过奖励让他体验到坚持这个行为的内在好处。

孩子在成长当中,难免会遇到让他觉得不舒服、不习惯、需要毅力去坚持的事情。比如孩子在刚上学后,要按时完成作业、坚持阅读、课后坚持复习等。

这时可以通过一些奖励去激励孩子把好的行为坚持下去。但是,你一定要让他明白,做这件事情对他自身有非常大

的好处,所以重点不在奖励本身,而是通过奖励加深孩子对这件事内在好处的印象。

例如,孩子今天又快又好地完成了作业,父母就可以在和他共同制订的"完成作业记录表上"给他盖一个"赞"或者"小红旗",并且告诉他:"今天你写作业非常专心,所以做得又快又好,看来你对今天学的东西印象一定特别深。爸爸必须给你点个赞!"这样,孩子不但因为得到奖励而开心,更能了解到专心写作业带来的真正好处。

原则三:给予孩子具体的指导,比物质奖励更重要。

一些家长问我,要是孩子主动提出,在取得好成绩时能不能奖励他礼物,要答应他吗?

我认为,只要这个奖励不是很过分,符合家庭承受能力,你当然可以答应。但是,重点不在奖励本身,而在于你能不能鼓励和帮他分析现状,制订切实可行的行动计划。比如,当孩子和你提出,如果他英语能考100分,能不能得到他期望已久的一套乐高积木时。你可以对孩子说:"你希望自己在英语上取得进步,能够考到100分,这个想法很好,妈妈支持你。你能告诉妈妈,对于这个目标,你有什么具体的计划吗?或者,你希望妈妈可以给你什么帮助吗?"

最后,如果孩子真的按照计划坚持努力地复习,在英语上也取得了非常人的进步。这个时候,哪怕他并没有考到100分,你也可以奖励给他这个乐高玩具,你可以对他说:"宝贝,祝贺你,通过这段时间每天坚持完成复习计划,英语取得这么大的进步,妈妈真为你高兴。这说明通过努力,你的英语能力真的提高了!"

这时孩子就会明白,比考100分更重要的是他在坚持执行的过程中能力的增长,以及最终获得成绩和对学习的内在动力。那么,他就不会被这个奖励所束缚。事实上,爱德华·德西等心理学者也发现,如果一个人所获得的奖励是出乎他的意料之外的,则不会破坏他的内在动机,因为他的行为并不是出于期望获得奖励而进行的。所以,父母在奖励孩子的时候,也一定要把孩子的目光从奖励和成绩本身转移到他在这个过程中付出的努力和能力的提高上。

原则四:一旦孩子养成习惯或达到做事的能力,就需要停止奖励刺激。

我刚才提到,在孩子喜欢做一件事或者已经养成习惯的时候,物质奖励反而会消减孩子做事的内在动力。所以,当你发现孩子已经养成了好的习惯,比如每天回家能够自觉地写作业,你就不需要再在这件事上专门奖励他了。但是,你可以通过和他一起订立更高一层的目标而奖励他,比如鼓励孩子自己检查作业、保证作业的质量,以帮助他进一步发现自主学习的内在好处。

第四节

帮他看到改进的力量——这样批评孩子才有效

喋喋不休的妈妈与沉默不语的儿子

一天晚饭后,我和先生在街上散步,路上遇见的一对母子给我留下了很深的印象。小男孩长得圆头圆脑的,大概十岁左右的样子,他低着头一言不发,赶路似地在前面走。他后面跟着一位中年妇女,看样子是男孩的妈妈,她一边追着男孩一边不停地数落着,大意似乎是孩子上课忘记带练习本,放学后被老师留下罚抄课文了。

妈妈说话的声音很大,惹得路人纷纷侧目。"跟你说过多少次了,让你检查书包,怎么总不长记性啊?""玩儿的事你怎么就不忘?每天就知道玩儿,学习的事一点都不想着!""天天被老师留下,你觉得好看吗?妈妈问你呢,怎么不说话?"

走在前面的孩子,仍然用沉默回应着母亲,脖子却缩得更紧了。

这个情景,可能是不少父母在孩子犯错时,亲子间沟通状态的一个缩影。

有位家长曾经问过我:"我也不想总批评孩子,可他总是不停地出状况、挑战你的底线。现在都提倡赏识教育,难道孩子出问题也不管吗?"

当然不能不管。其实，孩子从小就是在不断犯错中逐渐成长的。当孩子犯错的时候，如果父母可以提供合适的引导，帮助他发现问题的原因，共同找出解决问题的方法，并按照方法去努力尝试改变，孩子就会变得更加自信、充满力量。

也就是说，孩子犯错恰好是孩子成长的一个契机，在此时，如何使家长对孩子的批评和指导更有效才是关键所在。

父母需要好好想一想，当孩子犯错时，你批评他的目的是什么？是希望帮他找到正确的方法去改善，还是仅仅为了发泄你的情绪呢？这不仅会影响批评的效果，更会影响孩子对自己的评价。

批评为什么没有用？——批评的两个误区

在工作中，我发现不少父母在批评孩子时容易陷入两个误区中。

1. 不就事论事，将过往错误一并进行批评。

孩子犯错误时，很多父母一着急，很容易把之前对孩子的一些不满顺势都发泄出来。就像前面案例中的这位妈妈，她在批评孩子忘带东西的时候，就会顺带抱怨孩子平时贪玩、经常被老师留堂、让自己没面子的这些事。

这不但让亲子间的沟通变得杂乱无章、缺乏重点，还会导致孩子产生厌烦情绪。这会导致他看不到自己真正的问题出在哪儿，只想着能尽快逃离妈妈的指责。

2. 将孩子的错误过分扩大。

家长在批评孩子时，容易陷入的另一个误区是会只把目光盯在孩子的错误上，过分强调，并把错误扩大化。常见的方式有以下 3 种。

（1）普遍性概括：和你说过多少次了，让你检查书包，怎么总是不长记性？

（2）精准预言：我告诉过你，让你别穿白衣服去郊游，你看，果然弄脏后洗不干净了吧？

（3）标签性指责：你这孩子怎么这么自私呢？从来都不为大人着想。

这些表述方式都会把孩子在成长中一个正常的、偶然发生的问题无限放大，以致变成他身上一个永远去除不掉的标签。

就像我在街上遇到的那对母子，妈妈说儿子："和你说过多少次了？让你检查书包，怎么总不长记性啊？"这句话让人不免联想到这样一个场景：妈妈站在孩子的对立面，伸着脖子、叉着腰，并用手指着孩子，不停地责问他。

这时孩子会是怎样一个感受呢？他所感到的可不只是你在批评他这件事没做好，而是觉得你在指责他这个人不好。

当一个人受到攻击、想保护自己的时候，他会怎么办呢？通常只有以下 3 种办法。

（1）顶回去，不停地为自己找理由。

（2）像刚才那个小男孩一样，把耳朵关闭，不去听那些会让自己受伤的话语。

（3）干脆就承认自己不好。"我就是粗心，就是丢三落四。"我都承认了，你还能再说我什么呢？

这就是为什么有时家长在批评孩子时，会显得那么无效的原因所在。

你要知道，批评孩子的目的，不是为了让他产生愧疚，觉得自己什么都做不好。有效的批评，需要有以下 3 个重要的特征。

（1）能帮孩子找到出现问题的原因以及"我究竟什么地方有待改进"。

（2）有效引导，帮孩子找到补救的办法和改善的方向。让他知道"什么是我可以改变的""我要怎样做，才能把事情做得更好"。

（3）通过发现问题和改进的过程，让孩子感到更加自信、更有力量。

批评孩子的"FEIM 原则"

我给家长们总结出了有效批评孩子的"FEIM 原则"，下面就为大家详细介绍一下如何通过这个原则，让家长在孩子做错时，可以做到有效批评。

F（fact）:陈述事实,避免评判,对事不对人。

当孩子犯错时，要如何做才能既让他找到改进的方式又不至于让他愧疚或逆反呢？一个很重要的原则就是——只陈述事实，不下判断。就是只针对发生的这件事本身做出反应，而不针对孩子的人格特质做出评价。

举个例子：一天，妈妈加完班回到家时已经晚上 9 点多了，却发现上小学四年级的儿子俊俊竟然还有一大半作业没有完成。妈妈压住火问俊俊为什么这么晚还没有写完，俊俊回答是因为作业中遇到难题，思考了很久，因此耽误了时间。很显然，这是个不太高明的借口。而且，妈妈观察到儿子的神色有些慌张，当她回到卧室，发现自己的平板电脑竟然有些发烫，而家里除了儿子，只有不怎么会使用电子产品的爷爷奶奶。妈妈一下明白了，俊俊放学回家后发现了妈妈的平板电脑，一时克制不住就玩起了游戏，这一玩，就没刹住车……这时，妈妈应该怎么和俊俊来处理这件事呢？

如果妈妈冲俊俊大发脾气,对他说:"你今天一下午都做什么去了?""一直在写作业? 你自己相信吗?""我和你说过多少次了? 放学回家要按时完成作业,平板电脑只能在周末玩半个小时,你倒好,不但偷着玩,还骗妈妈! 你叫我以后还怎么相信你?"这种说法有助于帮孩子改正错误吗?

当然不能! 这只会把问题扩大化,相当于给孩子下了一个判断:他没有自控力,不但不遵守约定,还撒谎骗人。并且还会暗示孩子,他一贯是这样,因为"妈妈已经说过很多次了"可他却不记得,因此是一个"令人无法信任的人"。

在这些话语中没有一个信息是可以帮助孩子找出办法解决问题的。相反,他慢慢会认定"我就是没有自控力,就是不能遵守约定,我无法对自己的承诺负责……",那这个问题以后就可能会在他身上反复出现。

那么,妈妈在批评俊俊时,应该怎样说才比较合适呢? 妈妈虽然很生气,但仍要知道孩子自控力的培养需要一个较长的过程,而在孩子犯错误时,恰恰就是可以帮助他学会理性分析、面对和解决问题的关键时机。因此,妈妈只需要对俊俊说:"俊俊,你今天下午玩妈妈的平板电脑了吧? 玩电脑时,如果把握不好时间,就会很容易忘记原本要做的事。你看,作业这么晚还没有完成,这就会影响你的睡眠时间和明天上课的精神态度,是不是有些得不偿失呢?"

妈妈这种批评俊俊的方法,包含了这样一些信息。

1. 直接陈述事实本身。

这是让孩子知道,妈妈关注的只是这件事本身——因为玩平板电脑而没有完成作业,却并没有指责他这个人。这时孩子逃避和抵抗的情绪就会小得多。

2. 把问题限制在具体的时间、场景和具体的事上，对事不对人。

要明确这个问题是"今天下午"发生的，而不是"一直如此"；俊俊并不是一直不努力学习，只是在今天写作业时，产生了拖延。

3. 告诉孩子这件事为什么做得不对。

玩游戏很容易陷入其中而忘记时间；作业没有按时完成，会耽误睡眠及影响第 2 天的学习。

E（expression）：表达感受。

当孩子犯错误时，父母也可以通过直接向孩子表达这件事给自己带来的心理感受，引发孩子对问题的思考。比如，"你今天没告诉我就跑出去玩，这让妈妈特别担心。""这次考试中有很多你本来会做的题却做错了，真是太可惜了。""我现在很生气，因为你没完成作业就去玩电脑了。"

父母在对孩子表达感受时，需要注意以下几点。

1. 父母的感受是针对事情而不是针对人。

很多人在情绪比较不好时，容易说出这样的话："你太让我伤心了。""你太令我失望了。"这些话很容易让孩子陷入愧疚或产生逆反的心理。因此，父母即使在表达情绪时，也需要让孩子感到你是针对这件事而不是他这个人。

2. 根据孩子的性格特质调整表达方式。

用表达感受的方式引发孩子对问题的思考，这种方式并不是在每次批评孩子的时候都要用，要视错误的严重性、场景情况以及孩子的性格特质而定。

对于平时性格大大咧咧、粗线条的孩子，当他犯错误时，情感表达常可引起孩子思考这个错误带来的后果；如果孩子性格本身就敏感、细腻，则建议少用情感表达的方式指出他的

错误,否则孩子会很容易过度羞愧或沉浸在其他情绪状态中难以自拔。

3. 批评孩子前,应尽量先调整好自己的情绪。

我们批评孩子的主要目的是为了让孩子意识到错误的原因,帮助他找到解决的方法,并逐渐帮孩子建立发现问题和解决问题的能力。有时候,家长过激的情绪会导致很难帮助孩子进行理智思考。

如果你在孩子犯错误时,觉察到自己的情绪已经比较激动,可以对孩子说:"对不起,妈妈现在的状态不太好,给我一点时间,咱们等会儿再谈这个问题。"然后,你可以先离开当下的环境,做一些呼吸练习或其他事情,待情绪平复后,再来帮助孩子。

I(improvement):具体的引导,共同寻找改进方法。

批评的主要目的就是为了改进。孩子需要知道,他只是犯了一个错误,但这个错误是可以采取措施纠正的。这时,具体的行动远远比说教要来得更有效。

在俊俊因为玩平板电脑而耽误写作业这个案例中,妈妈在指出俊俊什么地方做得不对后,就可以继续引导他来思考改进问题的方法。

"儿子,咱们需要想个办法,看看今天是要晚些睡觉,还是明天早一些起床,把落下的作业补上。作业不能按时完成,既会影响睡眠,还会影响你对今天所学知识的掌握,真是太得不偿失了。妈妈建议你明天放学后,咱们找个时间好好商量一下,怎样才能让你既可以按时完成作业,又可以有更多自由支配的时间,好吗?"

这样的交流可以让孩子看到,犯错其实并不可怕,关键是要能够采取行动把错误造成的危害降到最低。在这个过程中,父母要用实际行动告诉孩子:虽然这件事你没做好,但爸妈仍然信任你、爱你,愿意和你一起来面对问题。

同样,本节开头提到的那对街上的母子,如果妈妈想让孩子接受批评,该怎么做呢? 这里需要两个步骤。

1.把她和孩子之间的位置做一个改变,从孩子的对立面换到和孩子相同的位置上;把她的手从指着孩子的鼻子,变为柔和地搭到他的肩膀上。

2.说话的方式要对事不对人。这时的妈妈应该对儿子说:"今天的练习本来做得很好,却因为忘带本子而挨罚,因此耽误了时间,实在太可惜了。咱们一起商量个办法,看怎么才能在课前把每件学习用品都准备好吧!"

如果这么说,孩子还会不理睬你吗? 还会顶嘴吗? 肯定不会的。因为他本身没感受到攻击和不安全。相反,他还会随着妈妈的话去思考:是啊,因为没带本子而挨老师罚,真丢人,看来下次真不能再忘东西了。

M(model-encourgement):示范性鼓励,帮孩子从自身看到改进的力量。

著名的积极心理学家马丁·塞利格曼在研究中发现,每个孩子身上都存在从错误中不断改进、不断成长的积极力量。因此,他认为,作为父母的一个重要作用,就是当孩子犯错误或遇到挫折时,能够帮助孩子找到自己身上存在的这种力量。

其中一个比较好的方法,就是通过示范性的鼓励,引导孩子去发现自己本身存在的改变条件和能力。比如,一位妈妈看到儿子在写字的时候,字写得歪歪扭扭,很多都写在了格子外面,她该怎么批评孩子,才能够让他看到自己身上改进的力量呢?

妈妈可以这样对儿子说："宝贝，你这几行字写得不够认真，很多笔画都写出格了，需要改一下。我知道，你写的字本来是很好看的。"接着，妈妈指着儿子前面写得比较好的一个字说："比如这个字，写得就既漂亮又工整，字刚好落在格子的正中间，而且完全没有出格。你下面的字，要都写得像这个一样好，就太棒了。"

这样说，妈妈就在告诉孩子：妈妈相信他是一个写字好看、认真的孩子，他目前的状态，只是暂时偏离了"做事认真"的这个人设。而且，妈妈并没有很抽象地在给孩子讲道理，而是给了他一个具体化的行动指南。也就是拿他之前写得比较认真的字给他做示范。一方面，让他知道通过他认真写的字，可以看出他是个能做事认真的人；另一方面，也让他知道，认真写出来的字具体是什么样的。

这种方式，既批评了孩子，告诉他哪里做得不对，又用他自己的例子，让他看到自身存在可以把这件事做得很好的能力。孩子接收到这个鼓励以后，就会更愿意采取行动来修正错误，并且，孩子可以通过看到自己拥有的改进的力量，收获更多的自信。

第三章

引导孩子学会自我管理

掌握四步法,把期望变成可实现的目标

♡ 我们对孩子的期望合理吗 ♡

　　小志和晨晨是同一所中学的初三学生,他们的妈妈也是一对很要好的朋友,最近,两位妈妈却都在为各自的儿子发愁。

　　还有半年就要面临中考了,小志妈希望儿子能考入本市的一所市重点高中,可就在刚进行完的上学期期末考中,小志考试失利了,尽管他平时学习很努力,但还是被英语和语文两个弱项拖了后腿。不仅如此,小志的强项数学这次也发挥失常,总成绩在年级更是跌落到了百名开外。开家长会时,老师劝小志和他妈妈保险起见,应考虑把中考目标降到确保本校高中(一所口碑不错的普高),力争区重点高中,不要把期望定得太高。听老师这样说,小志妈有些犹豫了,尽管她和小志都希望能够考入那所梦想中的学校,可面对儿子起伏不定的考试成绩,妈妈开始思考自己对儿子的期望是否有些过高了?

　　比起小志妈,晨晨妈就更是发愁了。晨晨从小就喜欢唱歌、主持等文艺活动,虽然没有专业学过声乐和乐器,但仍在学校的文艺比赛上获得过奖项。这一年来,他在看过几场选秀类节目后对爸妈宣布:"我不想上学了,我要去当歌星。"

晨晨的父母觉得儿子根本就是异想天开，让他好好学习，专心应对即将到来的中考，要求他"至少考入本校高中"，并从此禁止晨晨观看选秀视频，直到中考结束为止。哪知这一决定，使晨晨和父母的关系一下子恶化了，他觉得父母根本不尊重自己的志向，学习成绩也随之直线下滑，掉到了班里的倒数。

有不少家长可能也会遇到出现在小志和晨晨家的问题，常会思考我们对孩子的期望合理吗？到底该依据什么来判断我们对于孩子的期望是否符合孩子的实际情况呢？当孩子一定要坚持一些在父母看来完全"不靠谱"的自我期望时，我们又应该怎么去面对呢？

做好目标管理，影响孩子一生

从小让孩子学习目标管理，让他不断练习如何为自己的未来做出规划，是影响孩子一生的重要能力。

1. 为自我选择做好准备。

多数孩子在成年前的生活都相对简单，大都会遵循"幼儿园－小学－初中－高中"这一轨迹推进，学习的内容也都是国家或地区设置好的标准化科目。

但是在孩子成年后，他们的人生就基本要靠自己去选择了。于是，每个人的人生道路会变得越来越不一样，就如同蝴蝶效应，此刻的选择，很可能会彻底改写之后十几年甚至几十年的人生轨迹。

并不是说孩子高考考上了最好的"211""985"大学就一定会迎来一帆风顺的成功未来，也不是说孩子选择了一条少有人走的路就一定会折戟于现实的重担和时代的漩涡。关键在于，家长是否能在孩子未成年时，就给予他为自己人生

做选择的锻炼机会,让他们能在成长中的每一件大事、小事上都有机会去学习为自己做选择,分析环境和自身的各项条件、利弊,不断提高大脑自我规划、自我管理和自我决策的能力。只有这样,孩子才能在成年后,拥有做出理性、明智抉择的能力。

2. 增强孩子的自我驱动力。

北京大学学生心理健康教育与咨询中心副主任徐凯文博士曾痛心地提到过他遇到的一些案例:一位学生原本非常优秀,入学后第一学期成绩就达到所在学院的第一名,但他却在大学 4 年中多次尝试自杀并因抑郁症住院治疗,最终因为重度抑郁不得不放弃学业;另一位是个优秀的博士生,他仅用两年时间就完成了他的博士研究(大多数人经常要用 4 ~ 5 年,甚至更长时间),然而在他令人羡慕的优秀背后却隐藏着他曾五次三番尝试放弃自己的生命,即使用尽所有的药物和治疗方法,仍难以医好他的抑郁症。

这样的案例在徐博士服务的学生中屡见不鲜,徐博士把这种情况冠名为"空心病"。"空心病是一种比抑郁症更严重的新情况。"徐博士说,"它看起来很像抑郁症,患者情绪低落、兴趣减退、快感缺乏,如果到精神科医院的话,通常会被诊断为抑郁症,但问题是所有治疗药物都无效。"

这些学生会有强烈的孤独感和无意义感,他们虽然从小都是最好的学生,听话、乖巧,一直被家长向着为他们设定好的各种功利性目标推着走,却不知道自己真正想要什么、爱好是什么、为什么而活,他们对自己永远都不满足,总希望在学习、工作各方面都做到最好,但这样似乎又没有任何意义。

其实,这些学生所缺乏的就是内心的自我驱动力。一个孩子只有从小就在不断的自我选择、自我规划(不是简单地服从父母的规划)中操练能力,他才能知道"我是一个怎样的人""我想要成为怎样的人"以及"我如何才能成为这样的人",只有这样他才能在人生的道路上活得更有目标、更自信、更幸福。在RAPC动力模型中,自主选择是激发孩子自我驱动力的重要且不可或缺的一环,没有自我就没有真正的动力。

说到这儿,有的家长会发问:"如果我的孩子期望太多、目标太杂,还缺乏做事的行动力,这可怎么办?"

其实,期望并不等于目标,要想获得真正能够激发孩子行动力的目标,首先要和孩子一起做分析和判断,看这个期望是否符合孩子当前的真实状况,也就是判断其可执行性究竟有多大。

下面,咱们就来运用一种"期望－目标"四步法,帮你和孩子来判断怎么做才能引导孩子把模糊的期望转化成容易实现的目标。

"期望－目标"四步法

首先,我们需要准备一张纸、一支笔,让孩子把对自己或家长对孩子的一个期望以及计划实现的时间,写在纸最上方正中间的位置:**你的期望是什么?**

小志和妈妈写的是:我要通过6个月后的中考,考上××中学。

晨晨则写的是:我要在18岁之前出道,成为著名歌星。

正在阅读此书的你或你的孩子有什么期望呢? 也把这个期望照这样写下来吧。然后,请跟着我,咱们一步一步地往下分析。

接下来,请你和孩子在这个期望的下方,写上如下文字。

第一步，要实现这个期望，需要具备哪些条件？

你要尽量把自己能想到的所有条件都写下来。

小志想到的"考上 ×× 中学需要具备的条件"包括：①总分要超过 ×× 中学的录取分数线；②考试的时候要不紧张（心理抗压能力要过关）；③对自己的学习要有信心，并要不断付出努力；④要保持良好的学习习惯（这一条是妈妈加上的），要保证上课听讲的效率和作业的完成质量，自觉地预习、复习，发现问题时要及时弥补，做事注意力要集中，不因为马虎、粗心等问题丢分等。

想当歌星的晨晨也很慎重地思考了好久，在纸上写下了他想到的条件：①对音乐的热爱；②天生的嗓音条件和音乐天赋；③丰富的舞台经历（比如多次参加选秀和演出）；④重要的机会和人际支持（例如名人推介）。

经过父母和老师的分析和提醒，晨晨又添加了几条：①专业的乐理知识和理解力；②专业的发声方法和长期的训练；③最好学习一到两门乐器；④良好的亲和力和心理素质。

收集完达成期望所需要的条件后，"期望－目标"分析就将进入了下一步。

第二步，在以上这些条件中，你已经具备的条件是什么？

这一步的目的就是要检验目前的期望对于你来说的现实性，也就是根据目前情况看这个愿望是否真正适合你。

在做这个分析之前，小志妈妈对儿子在考试中不稳定的发挥感到很担忧。小志是一个内向、懂事、学习自觉的孩子，无论是课堂听讲还是完成作业和复习，都不用家长操心。但令妈妈不解的是，这孩子一到考试就很容易粗心，即使是会做的题目也常会做错，以致造成大量的丢分。

儿子出了什么问题呢？

当小志妈看到小志在他"考上重点中学还需要具备的条件"中，写下"考试的时候不紧张"这一条时，她似乎找到了答案。她好奇地问儿子："你为什么认为这一条很重要？"

小志沉默了一下，不好意思地告诉妈妈，随着中考临近，他考试时就会越来越容易紧张。因为老师说过，现在的每一次考试都是中考的预测，所以他希望自己能够在每次考试中都取得好成绩，也因此带给自己非常大的压力。尤其是在自己的弱项——英语听读和语文作文方面，小志越紧张就越容易出错，以致成绩下滑。

了解到儿子成绩下滑的真实原因，妈妈很自责。之前她只顾盯着孩子的成绩，对他的内心世界却太疏于了解。在老师的建议下，小志在家里重新做了一次模拟考试卷，分数果然比前一次考试提升了不少。这说明了什么呢？这说明小志目前已具备考上他所期望中学的部分条件，这个期望对他来说是适合且可行的，小志不需要修改他的第一志愿。

而晨晨呢？他发现自己除了非常热爱唱歌和自认为"嗓音条件不错"之外，竟然大部分成为歌星的条件都不具备。晨晨很不甘心地和父母抱怨说："可是，也有一些歌星在成名前没有进行过任何专业训练啊，就是因为参加了一些选秀节目就火起来了。我当不了歌星，就是因为你们不让我去参加选秀！"

晨晨的爸妈听了，气得真想狠狠地揍儿子一顿。但转念一想，用打骂和压制只会让孩子越来越叛逆，也会让他更难以理性地看待自己。这一次，他们决定给儿子一些自主权，既然他有美好的期望，为什么不支持他一下，让他在体验中去成长呢？

于是，爸爸问晨晨："你只是想当明星，还是希望成为一名真正有能力的歌手？"晨晨不假思索地回答："当然真的想当歌手了！"爸爸接着说："既然真想当歌手，那咱们就要把目光放长远些，几乎所有职业周期比较长的歌手，都曾经过长时间的专业学习和磨炼。爸爸妈妈支持你学音乐，但是不支持你放弃学业。通过目标分析你也看到了，专业素养和文化知识是成为好歌手的必要条件。那么，咱们先把中考拿下来，中考完爸爸支持你去学吉他。如果有合适你年龄的选秀活动，也可以考虑让你参加。"

"真的吗？"晨晨的眼睛一下子亮了，他开始不再抗拒，下定决心去努力备战中考。

从小志和晨晨对"要达成期望，你已经具备的条件"的分析可以总结出，如果孩子像晨晨这样，在所有这些条件中，几乎一个都不具备或者只具备不太有决定性的一两个条件，那么很遗憾，这个期望目前对他来说还不太现实，孩子需要修改一下他的期望，把实现期望的时间拉长，设法去增加实现期望的条件。相反，当孩子已经拥有了相当一部分决定性条件时，恭喜你，你可以有信心地告诉自己：这个期望对孩子来说是合适的、可行的。我们可以继续往下进行，看看该如何把这个期望转化成一个可以实现的目标。

第三步，要达到这个期望，孩子在现有基础上，还需要具备的条件是什么？

注意，这一步非常关键。因为真正的目标，并非你的期望，而是你距离自己期望还需要具备的条件，每实现一个条件，距离期望的实现就会更近一步。

为什么这么说呢？咱们还是以小志为例，他要想考入自己期望中的市重点高中，还需要的条件是什么呢？①提升心理抗压能力和应考能力,把因压力而丢失分数的比例降低到不大于 5%;②提升英语听说能力,3 个月内,将英语听说分数提升 10 分。

假如小志有个同桌,期望和小志考上同一所重点高中。他的学习也很不错,并且非常有自信,可以从容应对考试。只是在做题和考试的时候,特别容易因为马虎粗心而丢分,因此成绩也非常不稳定。那么,这个孩子还需要具备的条件就是如何找到他做题粗心的原因并加以改善。

说到这儿,你是否可以发现期望和目标到底有哪些区别呢? 目标指的是你在期望的基础之上,通过分析期望的现实性而提出的,并且要在一定阶段内达成切实可行的预期成果。这将为你帮助孩子实现期望提供一个更实际且有价值的行动方向。简单来说,目标就是具体化的期望。即使两个人的期望相同,目标也可以完全不一致。就像小志和他的同桌,一个孩子的目标是提高自信和抗压能力,而另一个则需要克服马虎粗心的毛病。

我们在家庭教育中,最容易出现的误区,就是容易把别人的目标当成自己的目标。这个问题通常表现为两点。

(1)从众

"别人的孩子都在学钢琴,我的孩子要是不学就落后了。我也要给孩子报一个钢琴班。"

当你对孩子缺乏相对客观的认识时,就会因为担心孩子被落下,而选择从众。这不但会浪费不少时间和金钱,还很有可能失去培养孩子真正优势和特长的机会。

(2)比较

"隔壁的小蕊和你同班,你们是同一个老师教的。怎么她的英语就能学得这么好,而你却这么差呢?"

怎么样,这些话听起来很耳熟吧?"别人家的孩子"是很多孩子永远战胜不了的"敌人"。其实,比较本身不是坏事,但是,如果比较的参照标准永远在别人身上,不能切合自己孩子的实际情况,那么孩子的目光很容易只停留在别人身上,而却看不到自己的特点、特长。他所做的一切努力,也只是为了赢过别人,从而保持自尊。一旦看到别人比自己强,就会感到焦虑、无所适从,却又看不到自己努力的方向在哪里。

因此,要想让孩子达到一个真正适合他发展的期望值,最重要的那个参照标准不是别人,而是孩子自身。

假如你希望孩子提升英语成绩,就可以和他一同来分析,到期末考试,和他自己比,他期望提高的分数是多少。针对这个目标,孩子最容易通过提高哪些方面去实现? 比如阅读和语法,那么他就要制订计划怎样去提高这一块。他最容易丢分的地方是什么,和自己比,他可以在这方面进步多少?

孩子通过和自己比较来提升能力,会更了解自己可以从什么方向、用什么方法去努力。这样做,不但能让孩子更有信心和行动力,当达到这个目标时,孩子也能获得真正的成就感和自信心。

第四步,制订具体可行的计划,达成目标。

一旦你和孩子通过以上分析,确定了他真正的目标,那么最后一步,就是根据这个日标制订适合孩子实际情况的行动计划。

什么样的计划才"适合孩子实际情况"呢? 这个行动计划既不是父母和孩子想当然地制订出来的,也不是看到别人怎么做计划我们就怎么做。要根据孩子实际的特点,例如个性特征、注意力水平、学习方式等和孩子共同制订和调整。具体如何引导孩子制订符合实际目标的行动计划,我将在下一节为大家详细解析和分享。

玩转"SMART 原则",提升孩子学习行动力

已尽力却仍达不成目标的孩子

贝贝是一位上五年级的女生,和大部分的小来访者不同,她不是由爸爸妈妈带来求助的,而是在听过我的一次公益讲座后,自己找到我说:"老师,我总是管不住自己怎么办?每次给自己制订目标,总是会半途而废,连妈妈都说我自控力太差了。"

原来,贝贝虽然是个努力的学生,但成绩在班里却一直只是中等。每次开学时,她都会在妈妈的引导下,给自己制订一个希望在本学期达成的目标,可是往往坚持不了几天,就会因为惰性开始不自觉地给自己找各种理由,不去完成学习计划或拖延时间,每天虽然也学得很累,但却没有什么进展。

这次期中考试后,贝贝的名次在全班 45 名同学中只排到了 24 名。于是,贝贝给自己设立了新目标,希望在期末考试时,成绩能提高 10 名,进入班里前 15 名。为此,贝贝给自己制订了学习计划,每天写完作业后,坚持额外学习 1 小时。然而没过几天,"历史"便再次"重演",贝贝不但额外学习的计划没有完成,连写作业的的效率都降低了。这下,连贝贝自己都开始不相信自己有能力达成目标了。

不是自控差，而是目标不具备有效驱动力

听了贝贝的情况，相信很多爸爸妈妈会说："哎呀，我家孩子就是这样的！给他定目标时，信誓旦旦地保证一定能完成。可到执行的时候，就又懒懒散散。目标？早抛到脑后了！怎么'威逼利诱'都没用。现在孩子的自控力怎么都这么差啊？"

其实，不是孩子的自控力差，问题出在制订的目标和计划上，它们一定没有起到激发孩子内在驱动力和行动力的作用。

1. 制订目标和计划时，孩子没有参与权。

孩子什么时候做事最积极？答案我们在"RAPC 动力模型"中曾多次提到。那就是当这件事是他自主选择、自愿去做的时候（比如玩）。通常不少父母会辛辛苦苦地为孩子安排"科学有效"的学习计划，有学、有玩、有休息，可孩子就是不买账（孩子心里的潜台词："这个目标和计划都是你们做的，完成它自然是你们的责任，和我有什么关系？"）。就像俗话讲的，"强按牛头不喝水"。

可能有父母立刻会问："既然孩子不认同这个目标，为什么当初却答应得那么痛快呢？"

这是因为，只有他答应了，爸妈才会开心呀。在大部分孩子的潜意识里，都有希望通过自己的行为去满足父母期望的愿望。但是，自己究竟有没有实现这个期望的能力，不少孩子却往往是无法评估的，因此常常只是"先答应了再说"。

2. 孩子不了解目标的真正意义。

"动机让你开始行动，习惯使你继续前行。"这是著名的成功学之父吉米·罗恩的名言。

自控力和好习惯的前提，是孩子真心认可"这件事对我有好处，我是真的愿意去完成它。"因此，只有让孩子明白目标的真正意义，看到目标完成后的真正价值，他才有动力去完成。

比如，你想让孩子在一周内完成一首钢琴曲的练习，最好先让孩子完整地欣赏几遍这首曲子，让他感受到乐曲美妙的旋律，想象当自己能熟练演奏这首曲子时自信、愉悦的心情，甚至还可以给孩子讲一讲有关这首曲子的故事，激发孩子迫不及待想要熟练演奏这首曲子的愿望。这样做，孩子就会更容易开始执行这个目标，并把它坚持下去。

3. 目标太高远，不现实。

贝贝问我："老师，我的目标是自己制订的，我也明白努力学习对我的意义，可为什么我还是达不成目标呢？"

不少成年人也有这样的体会，你给自己订的目标越高，完成这个目标的难度也就越大。减肥就是个最典型的例子。

你希望一个月内减掉5公斤体重，好在夏日到来之前穿上自己新买的S码漂亮裙子，于是决定每天跑步10公里。尽管每天都能看到那条挂在墙上的裙子，理想也足够迫切，可一旦照进现实呢？

第一天，你跑了不到2公里就已气喘吁吁、走走停停，勉强凑够3公里便草草结束回家；第二天，干脆把跑步改成散步（内心独白：只要走快点，一样能达到减肥目的）；再往后，每天锻炼之前，脑子里都会恰逢其时地弹出各种理由，如"今天破例一次，因为要加班整理会议内容""晚上要陪儿子做期中复习"等，于是你便心安理得地挤掉了锻炼时间。于是1个月后，你非但没有达成既定目标，多数情况下你的体重可能还会涨2斤。

你可能会把问题归咎于工作太忙、事情太多，以致耽误了

锻炼。而事实上，可能恰恰是因为你制订的目标过高，超出了你的身体和自控力可以承受的限度。

贝贝也是一样的，她把从现在到期末考（大约2个多月时间）所要达到的分数目标，设置成进步10名，这个名次意味着什么？自己之前取得的最大进步是多少？如果之前从未在短期内取得过这样的进步，这就说明这个目标很可能设定得并不现实，自然难以达成。

4. 目标不明确，不具体。

有人做过这样一个有趣的实验，把参与实验的人分成3组，分别步行赶往10公里外的3个村庄。第1组人被告知只要跟着领队走即可，他们既不知道村庄的名字又不知还有多远、用多长时间才能到达；第2组人得到了有关村庄名字、所经路段和总体路程的信息；第3组人则不但知道村庄名称、所经路段、路程长度，他们所经过的路段还会时不时地出现一些路标，告知他们距离目标还有多远路程。

那么，哪一组会最先到达目的地呢？相信你们已经猜到了，对，就是第3组。当人们的目标清晰、具体，了解自己距目标还有多远，不但会根据这些信息随时调整自己的步伐，也会更容易增强坚持下去的信心。

相信不少刚开始健身的朋友对此也深有体会，在完成训练动作已精疲力竭、快坚持不下去时，教练就会在一旁提醒："坚持，还有最后5个，我给你数着：5、4、3……"于是，你是不是立马就有了坚持到最后的力量？

同样，贝贝的期末目标是名次进入班级前15名，但是进入班级前15名具体需要得多少分？她目前距离这个分数有多远？每一科目需要提高多少分才能达到这个目标？具体要用什么方法来提高？另外，她希望每天写完作业后额外复习 1 小时,这个时间具体用来做什么,怎么分配? 如果她想不清楚这些问题,是不可能有确定的行动力去达成目标的。

如何用"SMART 原则",引导制订具备有效行动力的目标

提到目标管理,不少人都会建议你运用 SMART 原则,即通过 5 个标准:具体明确(specific)、可衡量(measurable)、可达成(achievable)、关联(relevant)以及有具体的完成期限(time-based),来衡量这个目标是否实际、可执行。

SMART 原则该如何运用? 是不是运用 SMART 原则制订目标,就一定能够促进孩子达成目标? 孩子在达成目标的过程中,遇到困难该怎么办? ……接下来,我就用贝贝这个案例,和大家聊聊具体该怎么运用 SMART 原则去引导孩子制订可以激发他有效行动力的目标和计划。

1. 引导孩子制订目标和计划,需注意的两个前提。

(1)孩子有自主达成目标的愿望,并理解目标的意义。自主是孩子做事有动力的关键因素之一。如果你的目标是提高孩子的数学成绩,打算给孩子报个奥数班,但孩子却对数学缺乏兴趣或是对数学没有信心甚至恐惧,那么这个目标不但难以实现,甚至还会产生适得其反的效果。最好的办法是先修改目标,提高孩子对数学的兴趣和对学习的自信,让孩子有自主想要提升成绩的愿望后,再说怎么提升成绩。此外,我们在上一节谈到过,有效目标设置的前提是孩子理解目标对他真正的意义,知道自己为什么要达成这个目标,这个目标又是否适合自己,是否有利于自己未来理想的达成。这个目标不能是随波逐流的,也不能是看到别人去做,自己就也去做的。

(2)符合孩子的性格和能力特点。这是很容易被父母和老师们忽视的问题点。不同性格和能力特点的孩子,制订目

标的方法肯定是不一样的。

◆ 对一个完全缺乏信心、没有良好的学习习惯，甚至已经产生厌学情绪的孩子来说，可能更适合先设立一个"微目标"，也就是孩子只需付出很少的努力、稍有些意志力就可以成功达到的目标。比如，每天只背 2 个单词、阅读 10 分钟英语，只要连续一周达到这个目标就是胜利。慢慢地，一旦孩子养成习惯，就可以逐渐增加难度，这样孩子同样可以形成做事的自我效能感。

◆ 对于普通程度、有学习愿望的孩子，则需要设立比他现有能力稍稍高一点、需要付出中等努力便可以达到的目标。

◆ 如果是学习习惯良好、意志力相对很强、做事自信的孩子，更有挑战性的目标会最大程度地激发他的潜能、寻找更有效率的做事方法。

还有一种情况，就是当孩子对自己要求严格、期望值很高，但现实能力还不足并且缺乏自信时，该怎么办呢？在上一章"如何帮孩子面对失败和挫折"这一节提到的女孩潇潇以及中学时代的我都是这样的例子。

在这种情况下，你可以先用一个"高目标"来激发孩子做事的信心和动力，比如我的老师曾告诉我："孩子，以你的能力，将来能考上北大。"而我也和潇潇说："孩子，你一定可以达到英语母语国家人的英语水平。"然后，再像进阶一样，帮孩子把目标细化为不同的阶段，让孩子看到在这个过程中，可以达成的每一阶段目标是怎样的，直到细化到最近要达到的阶段性目标。

家长们可以利用这一段时间，来观察和总结自己孩子的特点。比如孩子有怎样的性格特征？他对自己的期望是什么？他目前为止最高效完成一个计划的时间是多久？他有没有达成过目标？达成目标的过程是怎样的？其中作为家长的你做了什么，孩子又做了什么？

只有完全了解孩子的情况，才能根据这些特点，真正进入和孩子一起制订目标和计划的过程。

2. 设计目标和计划的过程，需注意的五大要点。

需是具体的、明确的（specific）。

一开始，贝贝给自己设定的目标是：期末考试的成绩提高到班级前 15 名。这个目标具体吗？看似有具体的数字（进入班级前 15 名），但是班级前 15 名是个什么概念？大概要取得多少分才可能进入班级前 15 名呢？具体要怎么做，才能进入班级前 15 名呢？这些问题既不清晰又不具体，自然难以达成。

所谓的目标明确、具体，指的是要有具体的达成措施，能让人清晰地看到你为了达成这个目标做了哪些具体计划。

所以，我不建议贝贝用名次来衡量她要达到的目标，也不建议她把自己的目标建立在和别人做横向比较的基础上，而是应和自己做纵向比较的方式，设立一个她具体期望前进的分数范围，同时算一下她目前分数与要达到分数间存在着多大的实际差距，并把这个差距落实到每一个科目要提高的分数上。

贝贝算了算自己的总分 248 分（语文 83 分，数学 76 分，英语 89 分），而目前班级的第 15 名总分为 270 分，相差 22 分。那么，以贝贝目前的水平，到期末考试时，她可以提高 22 分吗？

在我的建议下，贝贝和妈妈一起分析了她各科的期中试卷，并且找出每一科目最容易提高的项目点，以及可以提升的分数空间。贝贝用表格将她的分析结果进行了整理，如下表。

科目	现水平		期末目标	
	期中分数	主要丢分原因	目标分数	需提升的项目
语文	83	● 字词读音辨析 2 处扣分，考前没复习到。 ● 课外阅读题型中心思想总结错误，没抓住人物外貌描写意图	90	● 课文字词读音、辨析和解释。 ● 课内外阅读文章的中心思想概括
数学	76	● 2 道计算题、1 道应用题因为小数点标错丢 10 分，说明我的小数乘小数计算基础不牢。 ● 1 道应用题因读错题扣分	86	● 小数乘小数计算专项训练。 ● 应用题读题和画图
英语	89	● 单词拼写 5 处错误，都因为丢、错字母扣分。 ● 老师说我作文表达不够灵活，句式有点单一	94	● 课后单词拼写训练。 ● 灵活运用至少 3 种句式表达同一意思的能力
总分	248		270	

　　经过客观分析，贝贝把语文的期末目标分数定为从期中的 83 分，提升到 90 分以上，主要通过提高字词的读音辨析和阅读理解中对文章中心思想的概括能力；数学力争在期末提高 10 分，达到 86 分，主要攻克小数乘法计算的问题；英语虽然是贝贝的强项，却经常因为对单词的拼写不熟练而扣分，所以下一步需要着重解决单词拼写的问题，再进一步攻克英语作文，这样就可以把英语成绩提升到 94 分以上，三科总成绩就可达到 270 分。

　　经过这样的分析，贝贝和妈妈重新制订了真正具体、明确的目标，贝贝的心里感觉踏实多了，也变得更加有信心去践行目标。

需是可衡量的（measurable）。

可衡量是指目标的达成能够通过具体的指标、事实或数据去进行评估。

比如，贝贝要提高她的数学能力，除了期末考试要比期中考试的数学成绩提高 10 分这个可衡量的标准之外，落实到具体的项目——小数的计算题上，如果仅是提出"提升小数计算的能力"这个目标会比较模糊、缺乏可衡量性。因此，贝贝和妈妈最后制订的目标和计划是：每天用 20 分钟练习 10 道小数计算题，练习题的来源分别是课本例题、课后习题、作业、课堂练习和考试测验中的错题以及课外练习册。从而确保在30 天内达到小数计算题正确率高于 95%。这就是一个清晰并且可衡量的目标了。

需是可达成的（achievable）。

可达成是指这个目标是现实的，在孩子目前的能力范围内，并根据孩子实际情况，具有一定的挑战性。这样，孩子既不会因为目标太高、太难而退缩不前，又能保持接受挑战的兴趣和动力。

成绩中等的贝贝，如果一下子给自己制订三门功课满分的目标，显然超出了她当前的能力范围，是难以达成的。但是，我让贝贝在她的目标制订之初，先分析自己期中试卷各科的丢分情况与失分原因，之后在这个基础之上再制订下一步的目标。这时，贝贝会发现，自己数学丢分的原因，除了对应用题理解不清，很大程度上是因为小数计算的概念不清且运算能力不熟练，而计算能力是可以通过不断刻意练习在短期内获得提升的，一旦这个能力提升，她的数学成绩提高 10 分以上便不成问题，对贝贝来说是完全可以达成的。

相比之下，英语是贝贝的强项，她失分主要是由于英文写

作表达不够清晰以及单词拼写不熟练。贝贝刚开始学习英文写作，要完全掌握写作技巧需要长时间的练习，而单词拼写能力的提升对贝贝来说则相对容易，因此，经贝贝和妈妈一起分析研究后，定下了先提升 5 分的目标，对贝贝来说，这也是一个可达成的目标。

需与长期目标相关联（relevant）。

关联是指在制订目标时，要考虑到达成目标的相关条件，分析几个目标之间是否冲突，以及这些目标是否和孩子最终想要达成的长期目标相关联。

比如，数学是贝贝最弱的一项，老师认为贝贝对数学的理解能力有待提升，贝贝自己也希望通过练习，在上中学之前，把数学成绩提高到 95 分以上。她现在先从提升小数运算能力开始，先把成绩稳定在 85 分以上，这就为她进一步提升数学成绩奠定了基础。

需有明确的完成期限（time-based）。

没有完成时限的目标由于没有约束力，不会让孩子产生紧迫感，也无法激发孩子的原动力，因此会难以达成。

贝贝达成最终目标的时限是从期中考试到期末考试的 2 个月，同时她给自己制订的各个具体目标和计划也有相应的完成时间。比如，提高小数乘法计算水平的时间是 1 个月，提升语文阅读能力的时间是 1 个半月。要根据不同目标达成的难度，设定相应的完成时限，并且要给自己留出一定的缓冲和调整时间。

按照上述方法制订目标后，贝贝感觉自己的学习动力一下子充足了，身上好像有使不完的劲儿。最终，到了期末考试，贝贝不仅达到了自己订下的目标，总成绩甚至还超过了预期，直接位居班级第 12 名，头一次实现了质的飞跃。

"时间规划三步法"拯救忙碌又焦虑的妈妈

把日子过成"打仗"的妈妈

蕾蕾妈是一位独自辛苦带娃的单亲妈妈,最近她越来越感到身心疲惫,每天 24 小时连轴转,把日子过成了"打仗",却仍然感觉时间不够用,有很多该做的事都没有做好。

早上 6 点半是蕾蕾妈起床的时间。她往往连外衣都顾不得披,便匆匆忙忙地起来给蕾蕾做营养早餐。

6 点 50 分,准时叫蕾蕾起床。偏偏蕾蕾是个慢性子,做什么都不急不慌,从叫她起床到她像树懒一样慢悠悠地翻下床,往往已经用掉近 20 分钟。于是,时间总是在蕾蕾妈一阵高过一阵的催促中一晃而过。

7 点 50 分,母女俩磕磕绊绊地出了门。

8 点 50 分,妈妈开车把蕾蕾送进学校后,还要随着拥堵的车流,往相反方向驾车近 50 分钟,才能到达工作地点。已经忙得晕头转向的蕾蕾妈,甚至有一次误把家居服穿到了公司。

下午 18 点,蕾蕾妈拖着忙碌一天的疲惫身子把蕾蕾从托管班接回家,一边督促着蕾蕾完成小提琴练习,一边忙着准备晚饭。

19 点 30 分,吃过晚饭,蕾蕾妈发现蕾蕾在托管班光顾

着玩,作业还有一大半没有写,于是气急败坏地催蕾蕾去写作业。

21点,好不容易陪女儿写完作业,又要接着催她去洗漱。

21点30分,给女儿读完睡前故事,蕾蕾妈才开始做没忙完的家务。

23点,总算忙完一天的家务,本想做点自己事情的蕾蕾妈,却已经累得什么也做不下去了。

按照蕾蕾妈自己的话,自从有了蕾蕾,她就从一个温柔娴静的女子,变成了一个整天大喊大叫、动不动就上演"河东狮吼"的"疯妈妈"。就连女儿蕾蕾都说:"妈妈,有时候我好怕你,你大声催我的时候,我都想不起自己要干什么了。"才30多岁的她,开始怀疑自己是否"更年期提前了"。

事倍功半——被误解的时间管理4D法则

很多时候,当你明显感到对孩子的教育和管理已经造成自己严重内耗、疲于应付,尤其是在孩子身上花费了巨大的精力和心血之后,孩子非但没出现你期待中的长进,甚至存在的问题还可能更加突出时;当你为孩子的磨磨蹭蹭、没有时间观念和缺乏自控力而烦恼发怨时,是否应该先让自己慢下来,向内观察一下自己,我们是如何分配自己的时间的? 我们付出的精力有多少与回报成正比? 是否有时做得越多、走得越急,却因为忽视了方向而与目标南辕北辙?

蕾蕾妈之前接触过美国管理学家史蒂芬·柯维提出的时间管理四象限法则(也叫作4D法则),也就是把每天要做的事情按照"重要性"和"紧迫性"这两个不同维度加以区分,分为重要且紧急、重要不紧急、紧急不重要及不紧急也不重要4个象限。

不少介绍时间管理的书籍和文章都会强调,应该把"重要的事"排在"紧急的事"之前。也就是说,应按照重要且紧急(行动:do it now)>重要不紧急(纳入规划,稍后做:do it later)>紧急不重要(授权他人:delegate)>不紧急不重要(尽量少做:don't do it)的原则排序。

但是,当蕾蕾妈把自己每天要做的事情,按照这个方法排列出来时,问题就来了,因为每一件事似乎都是重要而紧急的。比如,照顾蕾蕾的衣、食、住、行,辅导蕾蕾学习,陪伴蕾蕾的睡前时光,公司临时安排的加班,哪个不是重要而紧急的事?每天忙完这些事情已到深夜,这种排序看起来变得毫无价值。同时,紧急的事情一旦发生,就很难做到不去处理。电话响了就要接,已然成为条件反射;洗菜的时候发现水龙头漏水,就无法置之不理……所以,问题究竟出在哪里呢?

我问蕾蕾妈:"'做事情'和'做规划',哪件事应该先做?"

蕾蕾妈毫不犹豫地回答:"当然是做规划,不规划就做事,岂不乱套了?"话一出口,她愣住了,恍然大悟地拍了下自己的额头:"哦,其实'重要不紧急'的事才最应该被关注!之前没有规划,就不知道如何执行'重要且紧急'的事,而且还很容易被各种突发事件所打乱。"

显然,蕾蕾妈每天的经历是这样的:因为缺乏规划,难以分清究竟什么才是重要的事,只好被各种纷繁复杂的"紧急事件"(蕾蕾的作业、做不完的家务、蕾蕾突然闹起的脾气、老板临时交代的任务)而搅扰,做事自然没效率,难以完成预期计划。于是,内疚、羞愧、无助和焦虑,各种情绪相继产生,过多的负面情绪不但会降低人的自控力(这个问题我将在第四章中详细分享),为缓解心理压力,人们还常会在结束一天的辛

苦后,把很多时间消耗在刷朋友圈、追剧等休闲琐事上,而不是完成那些"重要不紧急"的学习计划。蕾蕾妈也是如此,过多的网上娱乐很容易拖延睡觉时间,从而导致她休息不足,又进一步造成之后做事更加缺乏效率。长此以往,便形成了一个负性增长的闭环。

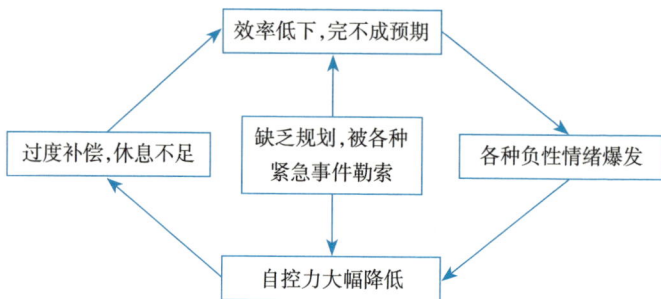

效率低下,完不成预期

过度补偿,休息不足

缺乏规划,被各种
紧急事件勒索

各种负性情绪爆发

自控力大幅降低

不会规划时间的父母,很容易养育出缺乏时间感的孩子。这样的父母很容易让自己陷入"紧急状态"中,也更可能用催促和唠叨来管理孩子的行为,时间一长,就会让孩子养成依赖心理,认为父母很着急,所以这件事是他们的责任,我不用担心。而且孩子本身也会在自我管理上无意识地模仿父母,认为父母自己都没有处理好时间,凭什么来要求我?

做真正有效的时间管理,"重要不紧急"并非"do it later"(稍后做)而是"design it"(设计,规划)。

把"重要不紧急"放在时间管理战略的第1位,通过规划,看清什么才是真正最重要的事,尽量减少紧急的事,或把紧急的事授权给其他更合适的人完成,并且要分清"自己的事"和"他人的事"。这样才能有效达成做事的目标,并能做到从容不迫、事半功倍。

时间规划"三步法"

要如何做好时间规划，才能让爸爸妈妈从焦虑、忙碌的"育儿战役"中解放出来呢？下面，就分享给大家实用的时间规划"三步法"。

第一步，记录和分析自己的时间支出，增加"重要不紧急"事情的比例。

管理学大师彼得·德鲁克在他的著作《卓有成效的管理者》中提到："要了解时间是怎样耗用的，从而据以管理时间，我们必须先记录时间……许多有效的管理者都保持这样一份时间记录，每月定期拿来检查。"为什么要先记录自己的时间支出呢？这样做主要有以下3个重要功能。

1.通过记录时间支出状况，可以清晰了解自己实际的时间应用状况，推翻对自己时间运用的虚幻印象，以便进行下一步的改进。

2.可以发现和认识自己在时间分配、耗用方面的问题，从而不断调整和练习，最终把更多的时间用在最重要的事情上。

3.可以帮助你随时反思自己的时间利用是否与当前的目标相符，并以此为依据对不同目标阶段上的时间进行调整。

虽然大部分的父母在工作中并非是管理者，但和管理者一样，爸爸妈妈（尤其是大部分职场妈妈）面临的最大挑战之一就是时间经常不属于自己，随时可能被工作和孩子的各种需求所填充、挤占。这时，学会记录自己的时间，可以帮助你了解在生活的各项事务中分配时间的比例，以便做出更为有效的调整方案。

记录和分析自己的时间,同样需要三步。

1. 列出你 1 年内的目标(不超过 3 个)。

比如,蕾蕾妈最近 1 年的目标是:①在工作上提升自己,成为人力资源管理师(目前正在学习,期望通过考核取得资格);②帮蕾蕾养成自主完成作业的学习习惯,并提升她数学思维能力。

2. 准确记录自己最近几天每日的时间支出。

不少父母可能对于养成像管理学大师那样记录时间的习惯缺乏信心。没关系,我们可以先把目标切分,只记录自己最近 1 周内(如果仍然感到困难,也可以先做 3 天)每天 24 小时自己在各种生活事项上(包括吃饭、睡觉、通勤、工作、健身、家务、辅导和陪伴孩子、学习、朋友圈、看视频等)所花费的时间。

具体要怎样记录呢?有的妈妈可能觉得用纸、本做记录比较麻烦,也容易忘记。那么,你也可以使用一些时间管理类 App 或手机自带的备忘录来记录生活中各项活动所投入的时长,不少 App 都能用各种图示的方法帮你做出统计分析。同时,这些工具也常有提醒、计时等功能,可以帮你有效记录、统计、分析和管理时间。

3. 对照目标,对自己的时间开销进行总结。

蕾蕾妈在做了一段时间记录后发现,以前虽然内心知道应该把"重要的事"放在第一位,却因为缺乏了"规划"这个重要基础,她每天在四类事情上分配的时间其实是这样的。

重要且紧急(35%):工作,辅导蕾蕾学习。

重要不紧急(10%):学习人力资源管理课程、通过考试,阅读,亲子沟通。

紧急不重要(40%):处理蕾蕾的情绪,各种家务,接电话。

不重要不紧急(15%):玩手机,看视频,聊天。

可以看出,"重要不紧急"也就是规划中该做的事,却成了每天蕾蕾妈生活中占比最小的那一类,尤其是计划要学习的"人力资源管理师"考级课程,总是被拖延,没能按时学习。结果原本的"不紧急"被拖成了"紧急",眼看报名的考试时间快到了,在截止日期逼迫自己学习,使得蕾蕾妈的压力瞬间激增,学习效果自然不好,很可能考试也不会通过。

通过分析,蕾蕾妈决定在接下来的1个月,把"重要不紧急"的事项增加10%,以达到更有效地分配时间。但是,如何才能更有效地分配时间呢?

第二步,分清责任及授权。

有的家长在分清什么是重要的事以及什么样的事可以授权他人来做时,还是会有很多困惑。比如,蕾蕾妈很发愁,女儿的习惯还没有养成,学习依赖性还很强,妈妈稍一不看着,作业就经常会拖到临睡觉才能写完。这样一来,妈妈每天大部分业余时间都要花费在督促蕾蕾学习上。

这时,建议家长们可以问自己以下3组问题。

1.判断什么才是真正重要的事。

可以通过这几个问题,分清重要的事和其他事的区别。

◆ 我需要承担的最主要责任是什么?

◆ 哪件事对3～5年后的我有最高的回报?

◆ 这件事完成后,我是否会发自内心的快乐,是否能获得最大的自我满足感?

回答完这几个问题,蕾蕾妈发现,她目前最重要的事是学习人力资源管理课程、通过专业考试,以达到能力和事业上的提升;同时,要帮助孩子培养良好的学习习惯和自主学习的能力。

2. 判断哪些是自己的责任，哪些是他人的责任。

比如，蕾蕾妈需要问问自己，每天完成家庭作业是妈妈的责任还是蕾蕾自己的责任？

有些家长会问："现在就让孩子自己写作业，他磨蹭怎么办？写不完怎么办？错误百出怎么办？"

那么，你可以再问问自己：孩子每天写作业的目的只是为了完美地完成作业本身吗？还是为了让他养成自主学习的习惯，以及慢慢提升自控力和解决问题的能力呢？

虽然不少家长都知道，孩子在小学阶段，培养习惯和能力才是最重要的，但是每当看到孩子学习时的各种"毛病"，期望快速获得结果的家长往往很容易用代替、催促和指责来"帮助"孩子。如"你看看，半小时过去了，你才写了几个字？""这行字写得太乱了，擦了重写！""这道题这么简单怎么都不会？你上课有没有听啊？过来，爸爸再给你讲一遍。""先别往下写，你看看你刚才计算的这个数对吗？重算一遍！"

最后的结果往往就是孩子的作业本虽然看上去"篇篇优秀"，但实际上却导致孩子严重的依赖和出现不自信的心理，而家长的努力也往往事倍功半。虽然，孩子在低年级、尚未养成良好习惯时的确需要家长暂时陪伴，但陪伴的方式不是代替和时刻监督，而是引导孩子做好时间规划，并培养孩子独立思考的习惯（我们将在第五章详细聊这个话题），最后逐渐过渡到让孩子养成自主学习的习惯。

于是，妈妈和蕾蕾一起制订了一个时间计划表，妈妈通过启发式提问的方式，让蕾蕾自己提出她认为自己可以完成每一项任务的时间，一旦制订好计划，蕾蕾就需要自己按照时间计划表执行，而不是在妈妈的督促下被动地做事。当她在学习中遇到问题时，可以主动向妈妈寻求帮助。同时，这个计划表还明确地规定了蕾蕾玩耍和自由支配的时间。

通过制定计划，蕾蕾的思路一下子变得清晰了，并且由于计划是她自己提出并且和妈妈反复商议后制订的，蕾蕾从心里感到完成作业是自己的事情，也比以前更加乐意去完成。由于在计划中，已把蕾蕾和妈妈每一步要做的事情分别列了出来，蕾蕾明确知道自己每一步该做什么，时间感也逐渐建立起来；而计划表中对玩耍时间的规定，也让蕾蕾真正意识到，只有尽快完成作业，才能痛痛快快地玩耍。这样，不用妈妈催，蕾蕾写作业时的专心程度自然就提升了。

3. 哪些事是可以授权给别人完成的。

在我的学员中，有相当一部分家长无论在家里还是单位，都是响当当的一把手，但也有不少妈妈告诉我，自己每天光是在职场上打拼就已然身心疲惫，回到家还要面对各种琐事和孩子的教育问题，真的不堪重负。虽然也想过将一些事情请家人或其他人帮助分担，却总会担心别人做不好，该怎么办呢？

商业上有一个著名的"比较优势理论"，该理论认为，即使你对于做一件事有绝对的优势，只要这时有另一个人做这件事的机会成本（即为做这件事而放弃的另一些事所产生的代价）远远低于你，那么就说明他做这件事比你更具备比较优势，因此这件事就应该由他来做。

了解了这个理念，蕾蕾妈决定请自己的父母来帮忙照顾蕾蕾。一方面，可以缓解了老人思念孙女之苦；另一方面，把接蕾蕾放学授权给外公、外婆，也可以让蕾蕾每天放学后，能有足够的时间用来完成一部分作业和小提琴的练习。除此之外，妈妈在小区里还结交了一位孩子和蕾蕾在同一所学校的全职妈妈，她可以每天开车送自己孩子上学

的同时,顺便一起送蕾蕾,这就减轻了蕾蕾妈早上奔波于学校和公司的负担。这样一来,蕾蕾妈每天就只需要完成3件重要的事:①引导女儿做好任务清单,并检查任务的完成效率;②陪伴女儿的亲子阅读时光;③完成当日人力资源管理课程的学习。

事情一旦授权给了他人,蕾蕾妈的焦虑感便降低了许多,陪伴孩子的质量也得到了提升,还有了充足的可供自己支配的时间。

第三步,充分利用"黄金时段"。

有人说,时间这东西,挤一挤总会有的。但是,令这个"挤一挤"真正有效的,往往挤出的不是时间的长度,而是对时间的利用率。当我们把最合适的精力用在最合适的时间,产生最大的效率时,主观上就会感觉时间变得充裕了。

之前,蕾蕾妈每天安排女儿睡觉后,距自己的入睡时间仍然还有2个小时,但是她却已经感到身心疲惫,再难集中精力去学习和看书,只想做一些不需要思考的活动,如看视频、刷微信等。这是为什么呢?是因为蕾蕾妈缺乏自控力吗?当然不是。

当蕾蕾妈从一天的工作、对女儿的陪伴,以及家务劳动中好不容易挣脱出来,无论是身体还是大脑,都会处于一种极度疲倦的状态,如果再继续从事思考工作,效率就会非常低,这就是所谓的"反效法则"。所以,蕾蕾妈需要找一个精力最好、效率最高的时段来完成对自己来说重要的事,而这个时段也就是每日的"黄金时段"。

经研究发现,每个人都有自己的生活节律特点,有的人在清晨刚起床时头脑最清醒,思维最活跃,精力也最充沛,我们把这样的人称作"布谷鸟型";而另外一些人却是习惯于晚睡晚起的"猫头鹰型",他们在晚上临睡前的 3 小时头脑最清醒,注意力也最集中。只有找到最适合自己生物钟节律的黄金时段,展开重要的工作,才能真正充分和最大化地利用时间。

了解到这个规律,蕾蕾妈才意识到自己属于早起高效的布谷鸟型,但以前她却把自己的"黄金时段"浪费在每天催促女儿起床上了。

自从和蕾蕾制订了时间表,早上快速起床、保证上学不迟到已成为蕾蕾本人的责任,又因为把给蕾蕾做早餐和送她上学的工作分别授权给了蕾蕾外婆和小区的朋友,蕾蕾妈便空出了早上很长的一段时间可供自己支配。于是,她把自己每天早上到达公司的时间从原来的将近 9 点提前到了 7 点,不但完美地避开了上班高峰的堵车时段,还让自己可以充分利用上班前的两小时黄金时间完成学习计划。自己的学习效率提升了,心情自然也变得越发舒畅、平静了。

如何教孩子学会时间管理

蕾蕾的时间观

上一节我们聊了关于蕾蕾妈的时间管理法,这次咱们再来看看要如何帮助像蕾蕾这样的孩子学会时间管理。

在妈妈的眼里,蕾蕾是个即使家里着火了,都不会着急逃跑的人,做什么事都悠哉悠哉、不急不慌。早上起床,妈妈要叫上几十遍,才能把她从被窝里拉出来;刚披上件衣服,被子还没叠,她又会顺手翻看枕边的漫画书,妈妈又要催好几遍,她才会慢吞吞地放下书,穿好衣服去洗漱。

吃早饭时也是,一手拿着烧饼吃,另一只手则忙着把落在桌面上的芝麻收集起来,再把它们一个一个弹出去,玩得津津有味,要不是妈妈不住地提醒,她好像完全不记得上学的时间快到了。

好不容易吃完早饭,妈妈让蕾蕾去背书包、穿鞋,准备出门,一转眼 5 分钟过去了,妈妈却发现蕾蕾的鞋只穿了一半,正蹲在玄关逗猫咪玩……

之前,妈妈和蕾蕾的相处时光总是在不停地催促和吼叫中度过的,蕾蕾的做事效率不仅没有提高,动作反而变得越来越慢,母女关系也变得越来越差。每次吼过女儿,看着她眼泪汪汪地抗议:"妈妈太凶,看见妈妈的样子就觉得好紧张。"蕾蕾妈也开始反思,为什么孩子做事时总没有时间观念呢?要用什么方法才能提高孩子做事的效率呢?

了解孩子眼中的时间

"总是要等到睡觉前,才知道功课只做了一点点,总是要等到考试以后,才知道该念的书都没有念……什么时候才能像高年级同学有张成熟和长大的脸,盼望着假期,盼望着明天,盼望长大的童年……"这首曾经脍炙人口的校园歌曲《童年》,非常形象地描述了在孩子认知中对时间的印象,与成人相反,孩子眼中的时间似乎总是慢得近乎停滞。为什么呢?原因有以下3点。

1. 人对时间的感知,会随着自我概念的发展而逐渐形成。

人在婴儿时期,分辨不出自己和周围世界的区别,也没有空间的概念,自然也就不知时间为何物。随着孩子逐渐长大,开始意识到自己是独立的个体,与周围的人和世界是分离的,人会离开,事情会结束,这时孩子的时间感才真正开始萌发。对于年龄越小的孩子,因自我意识还不是很强,就会越缺乏对时间的顺序感,对他们来说,过去和未来的概念都是非常有限的,在他们的认知中,只有现在,因此年龄越小的孩子,在他们眼里时间过得越慢。发展心理学家爱利克·埃里克森研究发现,直到青春期中期(15 ~ 16 岁)人的时间感才会完全形成。

2. 新奇的体验,会把孩子的时间感放慢。

不熟悉的环境和对新经历、新事物的体验,很容易把人们认知中的时间流逝放慢,而在孩子的世界里,每天都充满着各种新鲜、好奇的事物,这也是导致孩子感觉时间过得慢的主要原因之一。

3.对时间认识的巨大反差,导致成人眼中孩子的磨蹭。

不知大家有没有注意到,人类有一个共性,就是很容易以自己的标准去判断和要求周围的人,尤其当这个人是自己亲近的人时(例如伴侣或孩子),这种要求就更可能变成苛责。

你可以尝试回忆一下,当你不停地催促孩子"快一点"时,内心的真实感受是什么?

◆ 焦虑——孩子的行为没有达到自己期望中的标准。

◆ 埋怨——孩子的慢动作,正在打乱自己计划的节奏。

◆ 挫败和失控——孩子缺乏时间观念的行为打碎了自己理想中的育儿状态,感到自己很失职。

面对孩子的磨蹭,你采用的是哪种应对方式呢

上学快要迟到了,孩子却仍然磨磨蹭蹭做不完事;眼看就到睡觉时间,孩子却还在作业本前磨叽,毫无时间观念……这个时候,你是怎么应对的?

1.操控型父母采取的应对方式。

"快点,叫你快点没听到吗?怎么总是磨磨蹭蹭的?瞧,吃饭的时间都让你磨没了,别吃了,把面包拿着路上吃!"

"你看看都几点了,这么长时间你都干什么了?哎呀,别抄单词了,趁现在脑子好先做数学,做完数学再抄单词……"

操控型父母最怕孩子走弯路,倾向于替孩子做决定,总是会看到孩子身上的缺点和问题,并会通过不断批评和催促,强制孩子改善自己的行为。然而,过度控制的结果一方面会阻碍孩子大脑自我策划和自我管理的能力(因为家长都替他管了),另一方面还会限制孩子做事的自主性,造成他的厌烦和逆反。

2. 溺爱型父母采取的应对方式。

"哎呀,上学快迟到了,怎么书包还没收拾完? 你快去穿鞋吧,书包我来给你整理。"

"宝贝,你的语文听写本落家了,妈妈马上给你送过去。"

在溺爱型父母的眼中,孩子永远长不大,因而很容易代替孩子完成本应属于孩子的责任,时间一长,很容易使孩子产生依赖心理。

3. 放任型父母采取的应对方式。

"宝贝,妈妈今天去孙姨家打牌,会回来晚一点,你自己记得把作业写完再看电视啊!"

"爸爸这些天要出差,送你到奶奶家待几天,马上期末考试了,你要认真复习,听奶奶的话。"

放任型父母会因为工作或其他原因,把对孩子的引导大多只停留在口头叮嘱,缺乏对孩子习惯培养的认识和引导。这样很容易使孩子出现自我放纵或其他行为问题,同时无法形成良性的自我管理能力。

4. 支持型父母采取的应对方式。

"还有 5 分钟我们就要出门了,妈妈在门口等你,你想想看,现在该去做什么?"

"你觉得自己从哪项作业开始最容易进入状态? 口算还是抄写字词?"

"这道题不会吗? 你觉得难点在哪里? 是不理解题目,还是不知道该用哪个公式解题呢?"

支持型家长能够放手让孩子去选择,把思考和行动的权利交给孩子的同时,又能在他们需要的时候,提供清晰、具体和有启发性的帮助。这样可以持续地锻炼孩子的自我思考、自我策划和自我管理的能力。

四步儿童时间管理术

怎么才能让自己成为支持型父母,引导孩子做好时间管理呢? 这里同样有四步儿童时间管理术,供您参考。

第一步,在日常生活中让孩子感受时间。

对于 8 岁以下的孩子,要想让孩子学会时间管理,先要帮他们认识时间,建立时间感是第一步。在这一步中,家长需要帮孩子达成 3 个目标。

1. 让 5 ~ 7 岁儿童学会认识时钟。

心理学研究发现,儿童要到 5 岁才能对时间的顺序有相对清晰的理解,这时大部分孩子能知道今天是星期几,并可描述昨天或今天早上发生了什么、明天可能发生什么(不同时期孩子对时间的认知发展详见本节文末附表)。

这个时期是引导孩子认识抽象的时间——钟表的关键时期。家长可以通过让孩子亲手拨弄钟表、亲手制作玩具钟表的方法,观察钟表上时针、分针和秒针的特点,引导孩子观察当分针走一格的时候,最细的秒针要走多少?

2. 让孩子把时间和具体行动联系起来。

在蕾蕾四五岁时,她最喜欢妈妈把她抱在怀里讲故事给她听。可如果妈妈有事在忙,通常会对她说:"等一下,等妈妈完成这个工作,就马上来陪你。"但蕾蕾等了好久,妈妈却依旧没来陪她,她觉得这个"马上"好长。可是当早上妈妈催她上幼儿园时,又会对她说:"快点,妈妈要迟到了,咱们马上出发。"蕾蕾懵懵地看着妈妈着急的样子,感到很奇怪,心里感觉此时的这个"马上"又好短! 所以,"马上"究竟有多长呢?

对于年龄小的孩子,家长应尽量少用"马上""过一会儿"

这样模糊的时间概念词语,而是应在日常生活的细节中,选择引入准确的时间,如"宝贝,7 点了,该起床了。""蕾蕾,现在是 9 点 20 分,10 分钟后,当分针指向 6,咱们就出发去动物园,想想你还有什么需要准备的?"这样做可以帮助孩子把抽象的时间概念和具体的生活行为联系起来,并会逐渐习惯于在生活中理解时间。

3. 引导孩子初步学习预测时间。

比如,蕾蕾非常喜欢和妈妈玩"时间猜一猜"的游戏。从超市走出来,妈妈会问蕾蕾:"猜猜看,咱们走路回家,要走几分钟? 我猜 15 分钟,你猜是多长时间?"傍晚,妈妈会对蕾蕾说:"太阳快要落山了,所以你猜现在是几点了呢?"

通过上述方式,可以帮孩子很好地体验时间的流逝,同时也能更好地理解时间的概念。

第二步,引导孩子做时间记录。

一天有 24 小时,就好像一个钱包里只有 24 元钱,一分也不多,一分也不少。你要怎么使用这些"时间金钱"的呢? 和成人一样,管理时间的前提是让孩子学会预测和记录自己在每件事上究竟花费了多少时间。对于小学以上的孩子,家长需要先花几天的时间,引导孩子做时间记录。下面提供两种方法,供家长们参考。

1. 运用时间记录表做记录。

让孩子自己用尺子和笔制作这样一个表格,把每天要做的事情罗列出来,并且在表格中填写自己预估完成每一件事情的时间。然后开始做事,并用准备好的计时器或手机上的秒表记录时间,每完成一件工作,就把完成这项工作实际花费的时间填写到记录表,最后,把实际花费的时间和自己的预估做一个对比,让孩子看看自己预估的是否准确或

相差多少？

早起上学准备			
事项	预估时长	实际完成时长	和预估差距时长
穿衣 + 整理床铺			
洗漱 + 上厕所			
吃早餐			
出门准备			
总计			
放学后至睡前事项			
事项	预估时长	实际完成时长	和预估差距时长
游戏			
家庭作业			
晚餐			
饭后娱乐			
朗读			
洗漱			
睡前故事			
总计			

让孩子连续几天（最好是一周）预估和记录自己的时间，这样既可以让孩子逐渐了解自己做每件事的速度，也能让孩子发现实际的时间和自己想象中的时间有多大的差距，这样再做事的时候，孩子就会有意地提高效率了。当然，父母也可以引导孩子做更深一步的思考，如"你预测自己 40 分钟就会

写完作业,结果花了一个半小时,差距出在哪里呢? 是没有把作业量考虑进去,还是希望自己能够更快写完,好去做其他的事呢?"你感觉看电视10分钟过得好快,写作业10分钟却过得好慢是不是? 猜猜看,这是为什么呢?"

2. 通过画时间饼图做记录。

家长也可以用画时间饼图的方式,帮助孩子更直观地看到自己是怎样利用时间的。

蕾蕾最喜欢画画和做手工,于是蕾蕾妈便和她一起,把她一天做各种事情所用的时间,都用画饼图的方法表示了出来。当然,你也可以和孩子做晨起图或周末图等。

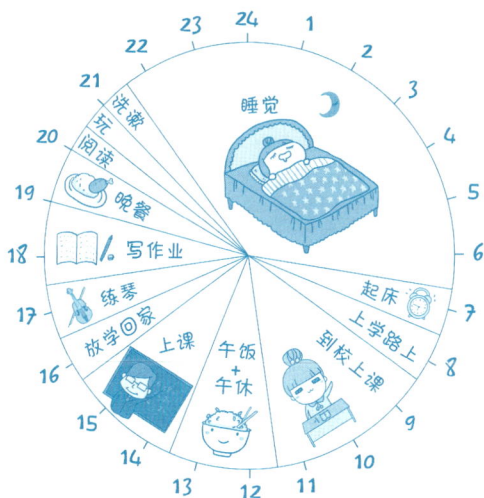

和孩子一起画时间饼图,可以让孩子知道一天只有24小时,1分钟也不会多,他需要在有限的时间内安排好时间;能帮助孩子更直观地看到每个行动所占时间的比例;还能加深孩子对时间的印象,知道自己如果做事太磨蹭,就会挤掉游戏的时间。

第三步，制订时间计划表。

之前我们举办"21 天时间管理训练营"时，营里不少家长都问过同一个问题："制订时间计划表后，孩子能马上执行吗？如果他耍赖不肯执行怎么办？"

实际上，家长们需要知道，如果和孩子制订时间计划的目的仅仅是为了控制孩子、让他"听话"，那么家长可能很快就会陷入失望和抓狂之中。

一旦想要控制孩子，我们就会在同孩子制订计划时，无意识地去主导，希望孩子能按照我们理想中的方式制订和执行计划，那结果必然容易急于求成，一旦在短期内无法达到我们期望中的结果，家长就很可能因此感到挫败，于是尝试不了多久就会放弃。同样，孩子的感受也是很敏锐的，当他发现所谓的"时间计划"不过是父母控制自己的一种方式，那么各种"讲条件""权利争斗"将会在亲子之间无限期地循环下去。

结束"权力争斗"的唯一方法是父母先让自己的心慢下来，不妨把时间的颗粒度拉长，从培养孩子理性决策和自我管理能力为最终目的的角度去看待问题。家长们需要通过引导孩子深度参与决策和制订时间管理计划表的方法，让孩子在：思考－规划－执行－发现问题－重新思考－解决问题－重新执行这样一个不断练习的过程中进行实践，最终形成自我管理的能力。

1. ABC 时间管理法。

对于小学中低年级和学龄前儿童，家长需要尽可能把需要完成的事项和孩子描述得更加直观。在孩子更容易理解的范围内，有一个比较好的方式，就是把上一节介绍的 4D 时间管理法简化成 ABC 时间管理法。把每天要做的事分成 A、B、

C 三大类。

A类:今日之内必须完成的事(重要且紧急)——包括作业、考试前的复习、明天演讲比赛的练习等。这类事情需要优先完成。

B类:为完成重要目标,计划要做的事(重要但不紧急)——如每日钢琴练习、为几个月后的英语大赛做准备、固定的课外阅读、锻炼身体等。这类事情是为了长远规划做打算,因而非常重要,需要每天拿出固定的时间去完成。但是在A类事件过于紧急时(如考试周),可以视情况做相应协调。

C类:孩子自己想要做的事或紧急但不重要的事——如看电视、玩乐高、做游戏及其他爱好等。这些事情在多数情况下,需要在A类和B类事情做完后再进行,或者需要找他人(如父母)帮助完成。但是,如果此类事占用时间不长,也可以在孩子感到疲倦时,作为休息、放松的方式去完成。

家长需要注意的是,不少C类事件虽在父母看来可能并不重要,但在孩子眼里却是非常重要的(比如孩子会认为和好朋友打电话、讨论游戏攻略,关系到他的友谊),所以可能会被他们排在前面。这时,爸爸妈妈需要先接纳孩子的感受,并用提问的方式引导孩子思考后,再进行调整。

2. 花时间和孩子一起讨论。

在制作时间计划表的初期,妈妈几乎每一天都会抽出 10 分钟和蕾蕾不断地就她的计划进行讨论。一开始,蕾蕾自己制订回家后的时间安排是这样的:看动画片 – 做手工 – 写作业 – 吃饭 – 散步 – 英语朗读练习 – 小提琴 – 洗漱 – 睡前故事 – 睡觉。

妈妈首先肯定了蕾蕾对时间的计划:"你把从回家到睡觉前,做每件事情所用的时间计算得刚刚好,看来前段时间你坚

持记录自己做每件事的时间，真的很有效呀！"蕾蕾听了心里美滋滋的。（肯定孩子计划中的合理之处，可以激发孩子自己做计划的信心。）

接着，妈妈问蕾蕾："为什么小提琴练习要被排在睡觉前呢？"

"我不知道该安排在哪儿，觉得睡前可能有空。"

"隔壁的爷爷奶奶睡觉很早，晚上练习乐器可能会吵到他们哦。"

"那就把小提琴放在下午，晚饭后再写作业。"

妈妈又问："还记得在咱们的工作分类中，作业属于哪一类吗？这类事情什么时候做比较合适？"

蕾蕾看了看自己的日程清单："作业是 A 类，今天必须完成的事，应该最先完成。可是，每天放学后会很累，我想先玩一会儿再做。"

"那么你希望玩多久，几点去写作业呢？"

"我想回家后玩 20 分钟，然后就去练琴和写作业。"

"好，你把调整后的计划写下来，可以吗？"

"好的，现在就写！"

于是，蕾蕾做出了修改后的时间计划表。

项目	开始时间	用时	类别	完成情况
动画片	16:00	20 分钟	C	
小提琴练习	16:20	40 分钟	B	
写作业	17:00	1 小时	A	
晚饭 + 休息	18:00	1 小时		
准备第二天字词测验复习	19:00	20 分钟	A	

项目	开始时间	用时	类别	完成情况
英语朗诵	19:30	30分钟	B	
手工游戏	20:00	30分钟	C	
睡前亲子阅读	21:00	30分钟	B	

对于小学高年级的孩子和中学生,可以直接使用成人的4D时间管理法,在做事之前,对将要完成的任务进行思考和规划。在这个过程中,父母应给予的是启发、引导和支持。

总结一下,当孩子对于规划时间感到困惑时,可以从以下几方面引导孩子思考,以寻找最合适的解决方案。

◆ 哪些事必须在今天完成?

◆ 这件事如果不能按时完成,可能会出现什么后果?

◆ 这个时间是做这件事的最佳时间吗,需要提前还是晚一些?

◆ 这件事只有你才能做吗,此时有没有人比你更合适去完成?

◆ 做这件事之前,需要做哪些准备,以帮助这件事有效完成?

第四步,采用注意力策略,引导孩子有效管理时间。

尽管有了时间计划表,一些平时注意力习惯尚未养成的孩子,还是很容易在做事时被各种事情所干扰,难以集中精力做事。尤其对于一些中、低年级的孩子,由于大脑中负责自我控制和自我管理的前额叶皮质发育还不成熟,这种情况会更为显著。这时,家长们可以采取一些有助于提升孩子注意力的策略,帮孩子有效地利用时间。

1. 番茄计时，训练孩子的注意力。

番茄工作法是意大利人弗朗西斯科·西里洛发明的一种运用计时器在短时内提高工作效率的时间管理方法。在完成一项工作任务时，把工作分成几个番茄时段（比如1个番茄时段为25分钟），然后在每个番茄时段中，一心专注于完成该时段的任务，中间不能做任何与任务无关的事情，直到计时器响起，就可以在这段任务上后划一个"√"，然后经过一个短暂的休息放松（一般为5分钟），每4个番茄时段后可以设置一个较长的休息（比如20分钟）。

由于番茄工作法把人的专注时间分解成一个个具有简单目标的有效时间段，减少了工作任务量给人带来的压力，可以有效地把注意力集中在当前任务上。所以，这个方法无论对成人还是孩子都很适用。然而，在我接触过的家庭中，虽然大部分人听说过这个方法，但真正把这种方法运用于孩子时间管理上的家长却不多，原因是不少家长对于如何运用番茄计时法还不是很清晰。我把家长们的疑问以及问题的解决方案做了如下梳理。

计时器的番茄时间段是根据什么来设定的？

番茄时段的时长绝对不是根据你对孩子的期望而随便定的，而是应该根据孩子主动注意持续的水平设置。主动注意就是孩子自觉地、有预定目的地调动注意力去做事。在这个过程中，需要付出一定的努力，比如学习、体育训练、乐器练习等（不同于被动注意是不自觉地被事物刺激、吸引的注意力，比如看电视、打游戏等）。

家长们可以观察一下，孩子平时能够完全集中注意力学习（中间不出现走神的情况）的平均时间大约是多久，如果能达到20～30分钟，就可以把孩子的番茄时段定为30分钟（学习 25 分钟,休息 5 分钟);如果孩子的注意力持续时间只有 10 ～ 15 分钟,那么孩子的番茄时段就定为 15 分钟(学习 10 分钟,休息 5 分钟)。之后,随着孩子持续注意时间的延长,再根据孩子的实际情况做出调整。

即使设置了番茄时间,孩子还是走神怎么办?

造成孩子完不成番茄时段的原因一般有两个。

(1)如果孩子每次都不能顺利完成番茄时段就开始走神,这说明你给孩子设置的时长已经超出了他的注意力水平,你和孩子需要重新评估他的注意力水平,相应缩短番茄时段的时长。

(2)如果孩子有时能够顺利完成番茄时段有时却不能,你就需要和孩子一起寻找原因了。比如,孩子是因为在学习时遇到困难而无法完成番茄时段,你就需要事先和孩子约定好:"遇到实在不会的题需要求助时,可以先空出来往下做,最后统一和妈妈讨论。"作为父母也要注意,在发现孩子做题时出现错题、错字,千万不要打断他,应在孩子顺利完成一个番茄时段的学习后,再给他指出来。并且逐渐养成孩子自己发现问题的习惯。

休息的时间多长比较合适?

每个番茄时段的休息时间为 5 ～ 10 分钟,一般 5 分钟就可以了。这 5 分钟即相当于对孩子集中注意力做事的一个小小的奖励,同时又能帮助孩子稍微放松一下神经,有助于他顺利进入到下一个番茄时段的学习。

孩子休息完,再回到学习任务时比较困难怎么办?

很多孩子在休息后便难以进入到下一时段的学习,这与休息时长和休息时所做事情的刺激程度有关。刚才说过,每个番茄时段之间休息的时间定为 5 分钟就可以了。这个时间,

孩子可以上个厕所、喝口水、吃点水果或和父母讲个小笑话，千万不要让他做看视频、玩游戏这样容易吸引注意力的事情，这些事情一定要等孩子完成当天全部学习任务后，在自己可以支配的时间段中去做。否则，孩子重新回到学习任务的过程就会困难得多。

计时器的品种怎么选择，必须是番茄形状吗？

计时器可以是任何形状，你可以和孩子一起去商店或通过购物网站，让孩子自己选择一个他喜欢的形状。同时要注意，对于时间感不太强的孩子，可以选择稍微带有"滴答"声的计时器，既可提醒孩子时间的流逝，也可以作为一种白噪音，有助于孩子集中注意力。相反，对于容易焦虑、情绪敏感的孩子，需要选择相对安静一些的计时器，或者把计时器放到远离孩子的地方，以防影响孩子的学习效率。

2. 通过"时间币"，鼓励孩子做好时间管理。

"时间币"是一种有意识地帮助孩子做好时间管理的奖励方法，可以和番茄计时法或日常时间计划表结合起来使用。家长需要提前和孩子一起讨论和商定时间币的面值，比如 1 时间币 =1 分钟或 5 分钟（这个时间币可以由父母帮孩子制作出来），同时制订有关时间币的奖励或扣除办法。

比如，家长可以和孩子约定好，每完成一个番茄时间的工作就可以收获一枚面值 5 分钟的时间币，代表他通过有效管理时间而赚到的时间。相反，如果他在番茄时间段内出现走神的情况，或者没有在规定时间完成相应的任务，就相当于你没有"管理好自己的时间"，因此，你的时间币就被"时间小偷"偷走了。孩子可以算一算他每天能够获得几个时间币？今天能获得全部时间币吗？今天比昨天多得了几个时间币？

时间币可以用来在周末让孩子兑换自己可以完全支配的时间或用来"购买"父母的时间，也可以把时间币攒起来，最后兑换一些孩子非常想要的东西或者想做的事情（这些事情和物品也可以事先和孩子商议好它们的兑换价值）。

时间币其实就是用奖励孩子"时间"的方式，帮孩子理解有效管理时间的重要意义。一方面，孩子可以通过时间币奖励游戏，真正理解时间的珍贵，懂得提高效率，节约时间，就会获得更大收益。孩子会更加自主地认同时间管理；另一方面，也可以激发孩子自我管理的动力，建立自我成就感。

不同年龄阶段的孩子眼里的时间

年龄	对时间的认知	引导方式	亲子共读推荐
2岁以下	完全没有时间概念，根据自己的身体感觉来判断需求	不要着急为他建立时间感，孩子的认知能力还没有达到这个条件。但可以多让孩子接触时钟，和时钟建立感情，知道这是个有趣、有用的东西	
2～3岁	开始有了一定的时间感，对过去、现在和未来有概念，不过这个概念是模糊不清的。他可能会认为两天前发生的事是"刚才"，而今天早上发生的事是"昨天"，1个月以后的事是"明天"。这个时期的孩子已可以根据生活中的具体事件来判断时间。比如，早上醒来会吃早饭，天黑了要睡觉	可通过具体事件来帮孩子认识时间：比如，告诉宝贝："吃过早饭，我们就去公园。""今天是星期日，我们去看奶奶。"或者指着时钟告诉他："宝宝你看，再过10分钟，这个长一些的针指到6的时候，我们就去刷牙了。"慢慢帮孩子建立时间的概念	《Peppa's Busy Day》

年龄	对时间的认知	引导方式	亲子共读推荐
3～4岁	开始理解一些时间的顺序，可以知道什么先发生、什么后发生，并可以运用更多表示时间的词语。例如，昨天、今天、明天、后天，分钟、小时，春、夏、秋、冬，星期几、月、年等。但具体时间的长度，仍然比较模糊。这个时期是宝宝建立时间习惯和训练他们学会做计划的好时机	1.带孩子一起认识日历，甚至一起制作日历。一开始不用多，先从周历开始，当孩子想去动物园时，你带着他在周六那里画一个圈，或小笑脸，告诉他："到了星期六，就可以不用去幼儿园，可以去动物园了。"你也可以让他照日历数一数，还有几天可以去动物园。 2.和孩子一起做日常惯例表。讨论当日计划，今天有几件要做的事，什么时候做。比如，今天是星期六，我们一会儿吃完早饭去公园，然后就到中午了，中午12点我们去奶奶家吃午饭	《时钟的书》 《最最完美的旅行》 《托马斯和朋友时间管理互动绘本》
5～6岁	孩子对时间有了初步的思考和预测能力，大部分孩子能知道今天是哪一天，星期几。能够回忆起昨天，或今天早上发生的事情，也知道明天可能会发生什么	1.可以通过孩子对时间预估的能力，视情况教给孩子一些简单的时间常识。例如，一周几天，一天有24小时，一小时多少分钟。上小学之前，相当部分孩子可以学会简单的时钟辨认方法。例如，长针走一格，是5分钟，短针走一格是1小时。但并不是所有孩子都能做到。 2.你可以和孩子一起制订更加详细的计划表了，并按照计划表时间执行	《金老爷买钟》 《慌张先生》 《四点半》

年龄	对时间的认知	引导方式	亲子共读推荐
6～8岁	孩子已建立清晰的时间逻辑概念，但时间感还是不强。尤其是对时间长度的预估和未来时间(不是马上要发生的)的概念还比较模糊。比如，和孩子约定玩20分钟，他可能无法预估20分钟是多长，很容易超时；对于一件事迫在眉睫，比如考试、马上要交作业，可以认识到时间的紧迫性，但到了周末，就容易觉得作业是"未来"的事，而这个"未来"离现在还好远，所以容易磨蹭	父母一方面可以继续用建立时间计划表，把更多的自主权交到孩子手上，通过不断和孩子建立、执行和修改计划表的方式，也可以通过一些游戏、故事和小奖励的方式，引导和建立孩子的时间感以及自我规划和管理的能力	《弗朗索瓦与消失的时间》《时间商店》
小学中年级以上	对短时间有了更加清晰的感觉，但是对长时间的估算，容易受到情绪和任务难度的影响	要记住，即使是相同年龄，孩子对时间的概念和自我管理能力的发展程度仍然是有差异的。孩子不是不努力，也不是能力不够，可能只是缺乏训练和父母的耐心引导	《毛毛——时间盗贼和一个小女孩不可思议的故事》

道理都懂,就是不践行怎么办

焦虑的父母,不践行的孩子

在工作中,我每周都会收到来自家长们的大量留言信息。

有一位妈妈是这样写的:"紫月老师,我有一个上四年级的儿子,性格敏感、脆弱,又非常贪玩,几乎每隔几天,我和他就会因为写作业的问题引起一场家庭大战。尽管我们事先已经制订好时间管理计划,他每次也都认可先写完作业再玩游戏的规定,但真正做起来却很费力。尤其到了周末,他经常因为玩游戏而不想写作业,自控能力太差,还经常会控制不住自己的情绪。我把从书中和课程里学过的育儿方法都用遍了,仍感到深深的挫败和无力,请问老师能不能再给我一些建议?"

还有另一位家长写道:"我每次跟孩子沟通,都发现道理其实他都懂,可到了践行的时候,却经常会因为各种原因而不能很好地完成计划。就像我们成人世界里常说的:懂得很多道理,却依然过不好这一生……"

我相信不少父母都能从以上这两位家长的来信中产生共鸣。你会发现,在刚和孩子制订了明确、具体的学习计划后,孩子会信心满满、充满期待地投入到一个崭新的改变中,每天看着孩子放学回家后能够自觉学习,父母也会由衷地感到欣慰。但就在以为孩子真的就此"换了一个人",父母也认为可以稍微松口气时,没几天,孩子却突然画风一转,又回到以前别别扭扭、不想学习的状态。

制订好的计划表,孩子为何完不成

其实,孩子完不成计划这件事太正常了。我们曾经做过一个调查:制订好的学习计划,有多少孩子能够做到坚持、顺利的执行呢? 结果发现,这个比例不足5%,绝大部分的孩子都可能在执行计划的时候,出现这样、那样的问题,主要包括以下几个原因。

1.计划制订得太满,孩子适应需要过程。

很多父母在和孩子一起订计划时,倾向于把所有的时间都安排到计划里。我见过一位妈妈和孩子制订的时间表,每天都是密密麻麻的一大篇,时间甚至已经精确到了"17点17分""18点35分"这种程度。这样很容易给孩子造成一种压迫感,觉得自己要做的事情太多,从而产生厌烦和退缩的情绪。

还有一种情况,就是很多计划在制订之初,没有考虑到计划执行过程中可能出现的困难。例如,今天孩子的家庭作业较多,或在学习上遇到了困难;孩子和同学闹了别扭,或挨了老师的批评,以致情绪非常激动或低落;孩子的计划和一些其他生活中的突发事件产生冲突等。这些都可能造成原有的计划难以完成。

遇到这种情况,家长需要和孩子重新调整计划,在孩子还没有完全适应和养成习惯之前,不要把计划排得太满,要给孩子留出充分的适应时间。同时,一项计划并不是制订一次就能一劳永逸,相反,时间计划表是需要随时或定时根据孩子执

行的实际情况,不断进行评估和调整的,具体的过程我下面会详细分享。

2. 好习惯的养成和坏习惯的克服,都需要一段相当长的时间。

正如上面那位家长的困惑:为什么道理都懂,却就是不能顺利完成呢? 这是因为所谓的"懂道理",只是停留在对道理表面逻辑关系的理解之上,却并没有尝试把它落实到实践中去。

心理学研究发现,人的行为从了解表面道理到真正内化成行为习惯,要经过以下6个阶段。

(1)尚未准备阶段:这个时候虽然知道道理,但却不准备改变,别劝我,谁劝和谁急!

(2)犹豫不决阶段:大家都说我需要改变,那我就来算算不改的好处是什么,行动的好处又是什么,总得衡量一下。

(3)准备阶段:经过内心无数挣扎后,终于下定决心、制订计划。

(4)行动阶段:终于开始付诸行动,履行改变承诺。

(5)维护阶段:光改变还不够,在习惯尚未形成之前,还要不断给自己打气,维护改变效果。

(6)复发阶段:上 阶段效果维护成功——内化成习惯;维护失败——一切重新来过。

那么,这个过程有多长呢?

伦敦大学一个关于健康心理学的研究团队,通过对96个参与者进行为期12周的调查发现,一个人把一个良好行为内化成习惯,要根据这个习惯的难度和个人的性格和思维特质来决定,而一个习惯一般在18～254天这个范围内完成,平均下来是 66 天,大约要 2 个月的时间。

想想看,即使作为成年人,当你下决心完成一个计划,比如每天坚持读书、锻炼,也绝非一蹴而就、一帆风顺的,往往决心越大,最后对自己无法坚持的失望感也会越强。

对大部分孩子来说,战胜学习困难,可能是他童年时期最重要的抗挫折经历之一。在这个过程中,孩子要反复不断地应对困难和挑战,并用较长的时间战胜想要退缩的心魔,这些都再正常不过了。

3. 良好行为在孩子身上的反馈经常滞后,甚至会被忽视。

年少的我曾经也是个不能按时完成作业、让家长和老师感到头痛的孩子,因为这件事,母亲经常被老师"邀请"到学校,领回因为不完成作业而被罚留校的我。最"光荣"的一次经历,是母亲曾在半天之内被不同的老师请到学校来两次。第一次,母亲还能强压住火气对我说:"只要你能认识错误、下决心改正,妈妈就不惩罚你。"然而,当下午放学时母亲又被另外一位老师为我的作业问题再次叫到学校时,她再也忍不住了,还没有走出校门,就扬起手给了我一记耳光。

其实,母亲并不知道,那天,我曾因为她第一次给予我的理解和信任,已经下决心做一个按时完成作业的孩子,在下午上课时,我努力集中注意力听讲,并且在课堂练习中还拿到了满分的成绩。但由于因为没完成作业被不同的老师两次请家长,我当天努力去完成听讲和课堂练习的良好行为都未被任何人察觉。

多年以后,我和母亲再次聊到这段往事,我俩都唏嘘不已。在这个过程中,母女俩其实都付出了努力,母亲在第一次被请家长时,付出了对孩子的耐心和理解,而我付出了被母亲理解后努力的行为。然而,我们之间只差一次简单的亲

子沟通和哪怕多一天的耐心等待,事情就会迎来完全不同的结局。

其实,在每个孩子身上,都存在着努力学习和偷懒贪玩的两种状态和欲望,这需要父母在孩子出现好行为时及时察觉,并给予积极有效的反馈,同时也要对孩子下一步可能面临的、坚持不下去的状态有所准备。这样一来,当孩子状态不佳时,家长就能细心观察和了解孩子行为背后的原因,帮孩子看到内心挣扎的过程,给他及时的支持和坚持的力量。父母的情绪和认知,在孩子习惯养成的过程中,将起到非常重要的作用。

上面第一位给我留言的妈妈,如果能和孩子换位思考就会发现,她和孩子在坚持一项行为时,正在经历着同样的过程。当你把从课程和书本里学到的方法在孩子身上用一遍,发现无效后,会马上感到挫败和无力。其实,孩子也是一样的!他每次都计划要好好地完成作业,但坚持了一下,发现这太难了,作业的魅力永远比不上手机游戏,也会立刻感到挫败,觉得自己就是个自控力弱、难以控制情绪的孩子,于是形成恶性循环。你看,要想增强孩子的自控力和抗挫能力,作为父母,是不是需要先提高自己的情绪控制能力和抗挫力呢?

著名教育学者、中国青少年研究中心家庭教育首席专家孙云晓老师曾提到孩子习惯养成需要经历的重要过程:"孩子的习惯养成,有一个由被动到主动再到自动的过程,因此要训练。""习惯培养的过程也是两代人相互学习、共同成长的过程。"在这个过程中,父母要做到的就是耐心和接纳,给孩子,也给自己一个成长的时间。

日常时间计划表，需要做到及时评估和调整

下面我们来谈谈，作为父母，具体要怎么应对孩子无法完成计划，以及在践行计划过程中的反复和波动。

这里，我要向家长们提出一个观点，那就是：要想帮孩子把良好行为坚持下去，父母需要相信孩子有强烈地想要改变、努力学习的愿望和力量，也能看到他从整体上是在进步的，在向上走。

与此同时，你还要知道，在我们帮助孩子克服困难，把良好的行为坚持下去，最终养成习惯的这个过程中，可能会遇到各种挑战，因此父母要做好充分的心理准备和应对策略。其中很重要的一环，就是要和孩子及时对时间计划表进行评估和调整。

前面我讲了该如何引导孩子制订时间计划的方法。但是，只要时间计划表制订出来就大功告成了吗？当然不是，你会发现孩子在执行计划的过程中，一定会遇到如受突发事件或不良情绪影响或突然耍赖执行不下去等问题。

别急，我们已经知道制订计划表的目的并非是要控制孩子的行为，而是帮孩子锻炼自我规划、自我控制和解决问题等能力的过程。这就需要父母和孩子一起，对计划表的执行进行不断的评估、讨论和调整。

一次，蕾蕾突然闹着不想写数学作业了，无论妈妈怎么讲道理，小家伙就是哭着趴在桌子上不动。妈妈看着蕾蕾委屈的样子，干脆静下心来问："我发现数学作业让你很不开心呀？"（关注孩子的感受）

"数学好难，每次都要写好久，我都没时间做手工了。"蕾蕾哭着说。

"你觉得在做数学练习上遇到了困难,耽误了很多时间?"（和孩子确认问题）

"嗯。"蕾蕾回答。

"那咱们来想个办法,看怎样才能更有效地完成作业,还能有时间玩,好吗?"（寻找解决问题的方法）

蕾蕾擦擦泪,点头答应。接下来,蕾蕾和妈妈重新讨论了她在数学作业和时间安排上遇到的困难,决定在每次写数学作业时,先把会做的题做完,做完全部作业后,再专门拿出 15 分钟和妈妈讨论作业遇到的问题,这样,蕾蕾因畏难情绪而耽误的时间,一下子大大减少了。

后来,每到周末,蕾蕾和妈妈就会对这周时间计划的执行情况进行评估和讨论,妈妈总会先按照这样一个顺序,向蕾蕾提问:"对于计划执行的情况,你的感觉是怎样的?""有什么问题或好的地方,你是怎么处理的?""你的计划表还需要怎样改进?"

先谈感受,是和孩子开始对话的基础。一方面,当孩子的感受被看见和接纳,更容易放松情绪,愉快地进入讨论;另一方面,关注对方的感受,会直接启动大脑理性的阀门,积极有效地投入到解决问题的思考当中。询问孩子对事情的处理方式,是启发孩子反思的过程,孩子会在这个过程中,形成不断总结做事经验的习惯,这会为下一步的改进和策划提供创造性解决问题的思路。

读到这里,你应该明白和孩子一起做时间计划的意义了吧?

1.通过仪式化的过程,让孩子感到制订和规划时间的重要意义。没有规划,事情不可能顺利执行。这个印象会在孩子大脑中形成回路,帮他养成规划的习惯,学会珍惜和遵守自己的时间。例如,后来每当蕾蕾在生活中遇到问题时,就会主动提出来:"妈妈,咱们做一个计划表吧。"

2. 通过规划,为的是不断训练孩子理性思考、解决问题、自我管理和策划执行的能力,而不仅仅是为了完成计划。

3. 激发孩子做事的自主性。在 RAPC 动力模型中,我们了解到,自主的需要是一个人坚持做事原动力之一。当孩子感到"我要为我自己的时间负责"时,会更积极主动,也更愿意遵守规则。

另外,除了定时评估计划,在计划制订之初的适应时期,一定会出现孩子连续几天无法完成计划或遇到一些特殊节点,例如临近考试或重要比赛等情况,家长可以和孩子一起,随时评估和调整他的日常时间计划表。

父母扮演好"助力器",推动孩子坚持执行的行为

在日常计划的执行过程中,有时也需要通过父母适当的"强制"作用,推动孩子坚持的执行。

这里说的坚持和强制,可不是指父母因为不相信孩子有坚持学习的能力,而通过打骂、发脾气和唠叨的方式逼孩子执行计划。相反,这种坚持要源于你对孩子的信任。你要让孩子知道,爸爸妈妈非常相信你,因为你有想要克服困难、坚持计划的态度和力量,所以爸爸妈妈会在你需要帮助时,辅助你执行应该完成的任务。

在前面的章节中,我讲过激发孩子学习动力的 RAPC 模型。那咱们就来看看,父母在坚持让孩子执行计划的过程中,是如何运用 RAPC 动力模型原理的。

1. 坚持执行的行为,要建立在事先和孩子订好的规则之上。

规则,等于给孩子一个做出良好行为的指导规范。比如,

你和孩子在共同制订好一个比较合理的学习计划后，还需要再和孩子商讨以下几个问题。

问题一：当完成任务遇到困难时，有什么方法可以激励你坚持下去？

问题二：你希望妈妈用什么方式提醒你，提醒几次？

问题三：关于这个规则，你还有什么困惑或建议？

这3个问题其实就是让孩子知道，计划是基于他自己希望摆脱学习困难从而达成目标的这样一个内心需要而制订的，他才是这个计划的主体。所以，孩子有权自己思考和选择他最愿意接受的应对方法。这会大大满足孩子对自主和自我决定的需要，让孩子能真正愿意为实现这个计划而承担责任。

如果孩子自己提出解决方法，如用计时的方法激励自己完成学习；当自己走神时，请妈妈用轻敲3下桌子的方式提醒自己等。那当他真正遇到问题时，你的提醒和帮助就会让他感觉受到尊重，也会更愿意去接受。

2. 态度严肃而坚定，理由充足而正面。

也有这种情况，孩子今天就是惰性上来了，经过提醒以后，他还是不肯完成计划。比如，今天要播出孩子特别喜欢看的电视节目，他无论如何非要先把电视看完。但这个节目时间很长，如果看完，学习计划就一定会无法完成。可孩子就是坐在电视机前哭闹、磨人，不肯写作业。父母该怎么办呢？

这时，父母就需要使用坚决、强制的手段帮孩子来执行。无论孩子怎么哭闹，父母都不要发脾气，但要用坚定的态度告诉他："你现在必须写作业，写完作业才是看电视的时间。节目结束还可以回看，可你一旦失去这次坚持计划的机会，内心就会对自己的不自控感到失望。所以，我一定要帮你执行这个计划,相信你完成之后,内心的快乐一定会超过看电视的乐趣。"

话说到这里,就可以了,不用过多的解释,更不要接受孩子的讨价还价。坚定的态度、充足的理由,每一点都要让孩子了解到,这么做是真正能让他快乐的。那么,既使孩子的情绪会持续一段时间,也会平静下来,进入学习状态。

3. 积极反馈,让孩子体验战胜自我后真正的胜任感。

一旦孩子坚持把任务完成时,你该怎么做呢? 对,就是给他积极的反馈,你可以告诉他:"你看,你刚才那么想看电视,但还是控制住了自己,并高效地完成了计划,妈妈为你的自控力点赞!"这时,孩子的内心一定会充满一种既欣喜又欣慰的感觉,他不但从自己的这个坚持中获得了胜任感和成就感,还能感受到来自父母的支持和信任的力量。

第四章

培养孩子良好的学习习惯

4个妙招，有效提升孩子课堂注意力

难以控制的课堂听讲

小学一年级的数学课上，一个女生专心地将一把直尺搭在一支铅笔的笔杆上，让笔杆正好位于直尺下方的中心位置，这样就形成了一个简易的"跷跷板"；又用削笔刀把橡皮切成了两块，分别代表两个小人儿，放置在"跷跷板"的两端，用手一左一右地摆弄起"翘板"，形成一幅"游乐场"的"欢乐场面"。然而，正当她琢磨着该用什么再搭个"滑梯"时，一只大手突然从天而降，"跷跷板"紧接着瞬间坍塌。她惊得一抬头，刚好望见数学老师怒气冲冲地瞪着眼睛对她说："叫你多少遍了，没听见吗？"老师把她桌上的铅笔、尺子、橡皮一股脑地捋走，扔到讲台上："没收！看你还玩什么！好好看黑板，听课！"女生呆望着数学老师那张气呼呼的胖脸，大脑中一片空白。

这是我上小学一年级时的一段真实经历，至今我仍记得当那些用来搭建"游乐场"的文具们被老师没收后，我呆坐在椅子上，头脑发蒙、鼻子酸溜溜的感觉。扰乱我课堂注意力的"罪魁祸首"虽然已不在，但对于学习的乐趣和精神头也跟着一扫而空。我就这样悻悻地摊在椅子上熬完了后半节课，而数学老师究竟讲了什么，我却丝毫没有留意过。

在孩子的眼中，注意力盛满了有趣、新奇、探索和幻想，而换作父母和教师,注意力则意味着效率、掌控和出色的学业成就。在一个不可控的环境中,如何把孩子有限的注意力从对新奇、有趣事物的好奇,转向有意识、有目的地跟着老师学习、思考,是每一位家长的诉求。实际上,类似的问题,我每周都会从家长们给我的留言中搜罗到一堆,内容总是惊人的相似。

"下午去学校接儿子,他又被班主任告状了,说上课不听讲,不是乱说话就是动个不停,让我配合老师进行教育。要怎么配合呢? 我每天都有告诉他上课要专心听,可他在课堂上还是依旧玩,一点都管不住自己!"

"我女儿上课时倒是挺老实的,不说话也不做小动作,可她究竟听没听课,就只有天知道了! 老师跟我说,每次叫她回答问题,她很少会答对,甚至有时还会一问三不知。这种情况该怎么办呢?"

"为了让孩子上课时能专心听讲,我真的什么招都使了。打也打过,骂也骂过,还告诉他只要连续一周听课不走神就给他奖励。可孩子在课堂如何表现,我完全不可控啊,除非老师告状,否则根本不了解他上课的状况。"

当我们告诉孩子要"专心听讲",实际上在说什么

大多数父母都会叮嘱孩子上课要专心听讲,但是,究竟怎样才叫作"专心听讲"呢?

不少父母可能会认为,专心听课的标准就是注意力要集中,时刻跟着老师的思路,同时还要屏蔽其他无关信息的干扰。但是,孩子能理解这层意思吗?

恐怕并不容易! 因为这个过程看似简单,其实需要经过几个复杂环节才能完成。美国著名心理学家迈克尔·波斯纳一直专注于脑神经科学和注意力的研究,他和同事们在多年

研究的基础上,提出了人脑的注意系统包括 3 个彼此独立又相互影响、相互作用的神经系统网络,即警觉(alerting)、定向(orienting)、执行控制(executive)。孩子在听课的过程中,这 3 个神经系统网络会共同发挥作用,使孩子既能注意到老师讲课的内容,又能随时跟上老师的思路,并且接收到新的知识和信息。

1. 执行控制系统。

执行控制就是要有意识地把注意力聚焦在目标信息(老师正在讲解的知识点或当前的学习任务)上,同时屏蔽其他无关信息的干扰。

这个过程看似简单,其实需要经过几个复杂的环节。首先,孩子们需要把注意力持续聚焦在老师讲授的知识点而不是其他事物上。好比我小时候的那个例子,我的注意力倒是聚焦了,但是却没有聚焦在老师的讲课上,而是专注于自己构建的"游乐场"的想象中;并且,要对这个知识点的内容进行理解和分析,思考它的意义,而不是单纯的盯着信息发愣。同时,还要抑制对与目标无关信息的关注,这些信息可能是外部的,如窗外的鸟叫、门外走廊里其他人的对话、课桌上散发香味的橡皮;也可能来自内部,如有的孩子看起来好像在紧盯着黑板,其实脑子已经在想放学后要怎么和好朋友比赛游戏了。

这个过程其实包含了执行(积极思考)和控制(排除干扰),这两种作用。

首先是执行,也就是要积极思考。孩子需要对知识进行理解,思考它的意义,而不能只是单纯地盯着信息发愣。

影响孩子课堂积极思考的因素主要是孩子先前积累的知识不够,这会让他在听课上存在理解性困难。我们常说,越会听讲的孩子,听课时的专注力就越强。这句话听起来好像是废话,其实这和一个人的认知负荷有很大的关系。

什么叫认知负荷呢？就比如一个孩子,他今天要学习一门新课,而学习这个新知识,可能要用到他之前学习的知识或者方法。孩子对这些知识或技能越熟练(比如他经常做这样的练习题),就会对它们有更深入的思考,对新知识的敏感度也会越高。相反,有些孩子对在课堂上所需要的知识并不熟练,就会在注意一个信息时又会漏掉其他的重要信息。这样一来,他在注意的转换和执行控制上就都会存在问题。长此以往,就可能对学习失去信心。所以,不少孩子并非主观上不想注意听讲,而是在听课时遇到了困难,或是不知道该如何去听,这时他需要的不是父母的批评和叮嘱,而是你们的帮助。

其次,我们再说说控制,也就是排除干扰。影响注意控制的因素包括:对课程本身的兴趣和听课时的精神状态。尤其是孩子上课时的精神状态,最容易被父母和老师忽视。教育心理学研究发现,一个有利于儿童集中注意力的环境,应该安全、有趣,并能够给他们带来胜任感。

你可能会奇怪,孩子坐在教室里,有什么不安全呢? 这里所谓的安全,指的是教室这个环境是否能让孩子感到舒服,是否存在令他感到威胁、焦虑或沮丧的因素。如果孩子觉察环境中有威胁他心理舒适度的因素,他的注意力就会从学习任务转移到那个让他感到不舒服的事物上。

比如,一个孩子可能会因为一位老师的严厉批评,从而讨厌这堂课。每当这位老师上课时,他就会不自觉地感到焦虑,去联想"哎呀,老师会不会又说我呀?""最好不要让她注意到我。"……尽管这种心理状态孩子自己可能意识不到,但却会因为感到压力或不适,而难以集中精力听讲。或者当孩子有些走神时,老师提醒他:"还不看黑板,成绩都这么差了,还不好好学!"99%的孩子在听到这句话后,都无法把注意力集中

在课堂听讲上,因为他至少要花 10 分钟时间来调节被老师批评后的糟糕心情。

当然了,与课堂上的压力和不适相比,还有另外一种相反的情况,就是孩子在课间游戏中兴奋过度,上课之后需要花相当长的时间才能把注意转换到课堂学习上,进入听讲状态自然也会比较慢。

2. 警觉系统。

我们在做事时,大脑会处在一个对外界刺激相对敏感的高唤醒状态,能够随时觉察到重要的信息。孩子在课堂听讲时,也需要能及时捕捉到老师课程的重要知识点。

我有个朋友,他曾是某省的高考状元,后来就读清华大学。这个人极其聪明,小时候是个捣蛋大王,上课不是和周围的同学说话就是看武侠小说,看起来不怎么专心听讲,可是老师随便什么时候把他叫起来回答问题或者做课堂练习,他却总是能答对。我曾问他是不是在家偷着学的? 他说:"不是,课堂上老师讲的重点内容我都有认真听的。"

后来我明白了,这位朋友与其说他聪明,不如说他很善于捕捉老师话语中的重要信息和知识点。老师一说到重点知识,他马上就会抬起头,竖起耳朵认真去听。这种能力,我们把它叫作"注意的主动警觉性",这也是他保证有效听课的条件之一。

这当然不是说孩子上课可以随便说话或看小说,但是家长们要知道,能在课堂上完全专注、不走神的孩子,其实非常少见。想想看,即使对于成年人来说,除非课程内容有足够的吸引力,否则要在 40 ～ 45 分钟时间内,完全保持专注、不走神,还真是不容易。何况对于中小学生,尤其是低龄的孩子,他们主动注意力的持续时间也就在 15 ～ 20 分钟,过了这个极限,孩子的大脑就会感到疲劳了。

一项最新研究显示,在传统课堂中(以教师授课为主,并且课堂内容不太具有吸引力),哪怕课程刚开始半分钟,学生的注意力就会开始下降,而且随着课堂时间的持续,学生注意力集中的水平也会不断出现高低起伏,频繁衰减是很正常的。

当大脑暂时走神这段时间,是什么帮学生及时关注到老师讲课重点,把他们从相对涣散的状态中拽回课堂上呢?那就是注意的警觉。善于听课的学生,即使在注意力相对涣散的时候,敏感的警觉仍然可以帮他及时捕捉到老师讲授中的关键信息。

注意的警觉分主动警觉和被动警觉。有相当一部分注意力习惯不好的孩子,都是被动警觉特别灵敏的人,如窗外的猫叫、隔壁的电视声、走廊人们的对话等,都能引起他的警觉、让他走神,但是他却不能主动意识到老师讲课的关键点;而影响孩子课堂听课是否有效的因素恰恰是主动警觉的能力,这是可以通过后天训练来达成的,怎么训练,我们在后面会详细讲解。

3. 定向系统(注意力转移的能力)。

注意的定向是把注意力从眼前的事物移开,转移到新目标上。在课堂上,当老师讲完新知识点,常会让孩子们拿出本子,准备做课堂练习。如果有的孩子仍然没反应过来,眼睛还盯着黑板,不能及时跟上老师的要求,把注意力转移到做练习的新任务上,就会显得慢半拍,并且很容易跟不上进度、降低课堂听讲效率。

其实这种注意的转移,我们在生活中也经常会遇到。咱来设想一个场景:假设你要写一篇非常重要的工作报告,正在斟词酌句,突然手机响了,于是你不得不把注意力从报告转移到手机上来。尽管这个电话可能很重要,但至少在你接电话的前几秒,注意力其实是难以完全集中的——因为你的思维

可能还停留在报告上。同样,当你挂断电话后,又不得不花上几分钟时间再次调整你的注意力,让注意力能重新聚焦到撰写报告上来。

你看,当注意力从一个任务切换到另一个任务时,在第一个任务上形成的认知惯性就会对完成第二个任务造成干扰,速度就会变慢。当你开始第二个任务时,同样需要重新回忆有关这个新任务的背景信息,这个过程也需要时间。

课堂上,对知识掌握较好的孩子,其注意力在知识点或任务间转换所花费的时间就会比那些对知识掌握不熟、学习难点较多的孩子要短。此外,兴趣也会影响注意力的转移。比如一个孩子正在看书,这时他听到隔壁电视中在播放他最喜欢的动画片,于是他的注意力就会立刻转移到电视上去,因为看电视不但不费脑子还很有趣。也会有一些孩子属于天生思维灵活性较低、做事较慢、对信号反应不敏感(类似于我们常说的"反射弧"比较长),他们在课堂各项任务的切换过程中,也容易出现"赶不上趟儿"的现象。

综上所述,我们和孩子说的"专心听讲",其实包含了这么多内容。所以,要想提高孩子课堂的注意力,我们就需要先搞清楚他们究竟是在哪个环节出了问题。下面,我们就以具体的案例讲述如何运用四步妙招提升孩子的课堂注意力。

四步妙招,有效帮孩子提升课堂注意力

一天,琪琪妈妈突然急匆匆地打来电话告诉我,她上午路过女儿学校时,想去看看孩子平常是怎么听课的,于是就跑到女儿教室的后窗张望。结果不看还好,一看气就不打一处来。她发现,琪琪在椅子上扭来扭去,一会儿津津有味地玩书包带,一会儿又好像碰掉了什么东西,钻到课桌底下去捡。看着

班里大部分孩子都在专心听讲，女儿的各种小动作却刺痛了她的眼睛。

在无数次抑制自己想要把女儿从教室拽出来当场教育一番的冲动后，琪琪妈妈用手机把女儿的课堂表现录了下来。"我想把这段视频直接放给琪琪看，让她知道自己和别人的差距是什么，这样她才能规范自己的行为。老师，你说我这样做可以吗？"电话那端的琪琪妈妈在极力克制自己焦虑。

"您在教室后窗看了多久呢？"我问。

"大概……七八分钟吧。"琪琪妈妈边回忆边答道。

不到 10 分钟的时间可以概括出孩子听课状况的全貌吗？我脑补了一下琪琪在看到这段视频后的心情，她会不会感到羞愧甚至挫败，并由此认定自己是个散漫、自控力不佳的孩子？她是否会心生委屈，甚至有不被信任的感觉，自己的问题也好像被成倍放大，还要接受大人的评判和苛责。这些真的有助于孩子改善目前的听课状况吗？

其实，妈妈所看到的，只是她课堂学习的一个片段，它并不完整，我们也不了解这一片段背后的东西。如果在这种情况下直接批评孩子，只会让她产生厌烦和挫败。真正的教育，应该先补全这个片段，弄清孩子听讲的真实状况，再去谈该怎么帮助她。

第一步，了解孩子真实的听课习惯，接纳孩子的现状和感受。

无论从老师那里听到或自己看到孩子上课时存在注意力不集中的情况，父母都不要用批评和责备的方法去质问孩子。要找一个你和孩子心情都不错的时间，和孩子好好聊一聊课堂上的那些事，通过对话，你就能了解孩子听课的真实状况是怎样的，并且可以了解是因为哪些原因导致孩子课堂专注力不强。

琪琪妈妈在接受我的建议后，找了个机会和女儿聊天，她问琪琪："今天上了什么课？""数学课学了什么有趣的东西吗？""老师是怎么教的？"

通过谈话妈妈发现，琪琪并非没有听讲，她能够说出一些数学老师讲授的方法，但同时她也表达了自己不喜欢数学课，她觉得数学老师有点严厉、经常批评人，不像英语老师那么亲切、总是笑眯眯的。而且，数学也不像英语那么有意思，可以和同学在一起练习有趣的情景对话。

了解到琪琪上课注意力不集中的真实原因，妈妈心里有了底，焦虑感也缓解了许多。这个时候，妈妈首先需要做的是去理解和接纳孩子暂时对课程的反感。我们前面说过，当课堂环境中存在或曾经存在过让孩子感到不舒服、焦虑、委屈或者烦躁的情境，那么孩子的注意力就会难以集中在课堂学习上。所以，妈妈先要去理解和疏导孩子的情绪，让孩子感到安全和放松，这样孩子才会用更加理性和接纳的态度面对学习。

比如，妈妈可以问女儿："老师批评你上课随便说话，你的感受是什么呢？"（倾听，确认孩子的感受）

琪琪："我觉得太不公平了，我并没有说话，是后面的同学跟我借橡皮！"

妈妈："哦，你感到很委屈，觉得老师冤枉你了？"得到女儿的肯定答复后，妈妈继续说："是呀，被人冤枉确实会很委屈，换作是妈妈也会很生气的。"（理解并接纳孩子的情绪）

妈妈继续道："可是，因为感到委屈、乏味就不喜欢这堂课，最后就会影响对数学知识的掌握，这样听起来是不是有些不值呢？"（启发孩子思考）

听了妈妈的话，琪琪陷入了沉思，她也开始感到这样做确实不值得。

让孩子为自己而学——激发孩子学习动力的秘诀

这时妈妈又接着说:"你愿不愿意和妈妈一起想出个好办法,让你上数学课时也像英语课那样听得起劲呢?"(提供支持,提出改变)

第二步,教授孩子有用的听课技巧,提高课堂警觉性。

大部分听课不佳的孩子,并不是一开始就抱着不想听的"信念"去上课的,只不过"专心听讲"这个概念对他们来说太抽象了。要怎么专心?把注意力放在什么地方?听不懂时要怎么办?这些孩子都不知道。

这时,父母可以试着教给孩子一些他比较容易掌握的、可以帮他拉回注意力的方法,提高他们对课堂重点内容注意的警觉性或敏感性。

1. "抓住隐藏的罪犯"——把听不懂的地方记下来。

家长要告诉孩子,当课堂上遇到听不懂的地方时,不用感到羞愧,因为能找到问题所在是件好事,可以让他知道自己究竟是哪里不会。我们可以和孩子玩一个游戏,鼓励孩子像警察抓罪犯那样,找到隐藏在听课过程中的问题。一旦遇到觉得听不懂的地方,就要及时把它记录下来。

比如,一个孩子在听老师讲到分数加法时,不明白为什么分子相加,分母却不动,就在笔记本上记录:"分母为什么不用加?"这样,等到下课后,就可以去请教同学、老师或父母,把这个漏洞给补上。而且,当孩子发现自己有哪些地方听不明白时,你一定要及时给他鼓励:"恭喜你,今天又及时抓住了一个'隐藏的罪犯',终于知道自己什么地方不明白了。咱们今天就把这个问题搞清楚、练熟,你的学习一定会提升一大步。"

这样做还会改变孩子以往遇到问题却不好意思问的情况,使他在以后的学习中,不再害怕遇到问题,相反,还会积极寻求帮助去解决问题;课堂上的注意力和自信心也会逐渐提升。

2. 总结老师讲授课程重点时常用的提示点。

父母可以和孩子一起总结老师讲授课程重点时常用的提示点，以有效帮助孩子提高对课程重点的警觉性。

比如，有的老师在讲到课程关键点时会把声音提高、语速放慢；也有的老师会多次重复知识点，以加深学生的记忆；还有的老师会直接告诉学生："这是重点，千万要注意！"

还有一个最常见的关键点提示，就是老师会开始叫学生们起来回答问题。越是课程的重点，老师就越容易通过提问的方式来强调知识点的重要性。不少孩子会在老师提问其他同学时反而容易走神，觉得这件事"事不关己"，但结果却恰恰错过了学习课堂重点的机会，等老师把他叫起来的时候，孩子必然一脸迷茫。所以，要提前让孩子知晓，老师提问的时候大都是讲到课程重点的时候，必须引起警觉。

梳理一下，老师讲重点时，通常会这样做：①提高声调，放慢语速；②多次重复，加深记忆；③提出问题，引起学生警觉。

当然，每个老师的讲课风格都是不同的。在现代教学中，尤其对于低年级的孩子，老师越来越注重用互动和游戏化的教学设计来调动孩子在课堂上的注意力。那么，对于孩子来说，只有了解老师讲课的规律，才能具体知道该把自己的注意力放在哪里，知道什么地方一定要集中注意力，怎样抓住老师讲课的重点，这样他才能更容易做到专心听讲。

第三步，"小老师时间"——建立明确的听课目标。

除了听课技巧，家长还需要在学习内容上教授孩子如何抓重点，以减少孩子因为对先前知识的不熟悉而产生的注意负荷。

有研究发现，当老师讲的内容对孩子来说是中等难度时，孩子的注意力最容易集中。什么叫中等难度呢？就是孩子拥有足够的和这堂课相关的知识储备,在这个基础之上增加新的知识,会激发孩子的好奇心。如果孩子在听课时缺乏足够的基础知识,那这个课程对他来说就会难度较大,他会很容易放弃或走神;如果老师讲的知识他已经了解了,觉得自己已经都会了,感觉没意思,孩子也容易上课不好好听讲。

不少学习专家和学霸都会推荐让孩子养成良好的课前预习习惯。预习当然是个好习惯,但预习的前提是孩子已经养成按时完成作业、自己准备学习用品等最基础的学习习惯。对于小学低年级和一些中年级,并且还没有养成自主作业习惯的孩子来说,额外要求他还要预习、复习,反而会让孩子觉得负担重,从而造成拖延。

父母可以和孩子做一个可以替代预习和复习的有趣游戏——"小老师时间"。就是让孩子扮演老师,在放学回家后,拿出 10 ~ 15 分钟的时间,把她在课堂上学到的知识教给爸爸妈妈。这个方法尤其适合小学生,可以为孩子养成预习、复习和良好的听课习惯打下坚实的基础。

大部分孩子都非常愿意给别人当老师。我在北京的一些小学做调研时发现,很多孩子平时被家长、老师要求学习时,总是会别别扭扭、不愿意。但当我们在班里成立了学习小组,让孩子们轮流给组里的同学上课、检查作业时,他们的主动性和积极性就会特别高,会很认真地备课,检查作业时也一丝不苟。

具体要怎么和孩子一起执行"小老师时间"呢?

爸爸妈妈可能会有下面几点疑问。

1. 讲多长时间?

一开始讲课的时间不要太长,10 分钟即可,否则孩子容易感到疲倦。

2. 要让孩子讲授所有学的课程吗?

当然不是,除非孩子非常想要给你多讲几门,否则,只需要选择孩子最容易走神、注意力最容易不集中的那一门课程即可。你和孩子可以约定好做"小老师时间"游戏的时间,告诉他做这个游戏的原因,比如是为了帮助她听讲时能更有效、更自信,或者因为他现在的课本和爸爸妈妈小时候学习的课本不同,所以爸爸妈妈对这门课程特别感兴趣,想知道他现在是怎么学的。

为了让孩子能更深刻地体会当老师的感觉,你可以给孩子买一块小白板,方便他上课时写板书,这样可以增加上课的仪式感,孩子也会下意识地感觉自己更像一个老师,对这件事情的重视程度也会有所增强。

3. 需要对孩子提出具体要求吗?

很多孩子当要做的事情过多或玩得很开心时,会很容易忘记要当小老师的这件事。这就需要家长在孩子每次做事之前,给他一个提醒,重新开启他自我控制的阀门。

比如,琪琪妈妈会在头一天晚上问琪琪:"琪琪老师,明天咱们要上什么课呀?"这样琪琪就会认真地检查一下课本,郑重地回答:"明天我们要学习如何认识分数,回来我讲给你听。"第二天送琪琪上学时,妈妈也会满眼期待地对她说:"琪琪老师,我好想知道什么叫作分数,我等着你回来给我上课哦!"这就提醒了琪琪在上课的时候,需要更加主动地去听老师的讲解,集中注意力跟上课堂的节奏,她上课听讲的效率自然就会提高不少。

4. 如何帮孩子提升讲述能力?

(1)启发、引导、找窍门。孩子在刚开始给家长讲东西时,通常会很笼统。比如,讲英语的时候,他可能只会告诉你"早上好"用英语怎么说;讲数学的时候,他可能会直接告诉你长方形周长或者面积的公式是什么。这样,你可能难以检验出孩子课堂听讲的具体状况。

你要知道,孩子讲得不好,可能只是因为他不知道该如何给他人讲解,所以家长千万不要批评,更不要指责。别忘了,此时你的角色只是个学生,要想玩好这个游戏、激发孩子听课和学习的兴趣,你就必须以学生的身份去启发孩子。你可以问孩子:"老师,我这个地方没有听明白,你能再讲得详细一些吗?""老师,长方形的周长和正方形的周长一样吗? 他们有什么地方不同,又有什么地方相同呢?"

(2)引导孩子做预习,带着问题去听课。家长可以鼓励孩子在每天晚上睡觉前拿出 10 分钟时间,就第二天要学习的课程事先准备几个问题,让孩子第二天带着问题去听课。这其实就等于带孩子做了一个小小的预习。

为什么此时才开始做预习呢? 这是因为,我们对孩子的要求要一步步地进行,如果你一开始就对孩子说:"你要预习,带着问题去听课。"孩子会很容易感到压力大,觉得自己做不到。但是,当他在当老师时,看着自己的"学生"求知欲很强、听得还特别认真,他会感到很有成就感,也会更愿意把课讲得更好。在这个时候,你再提议让他带着问题去上课,就顺理成章多了。

比如,有个五年级学生的妈妈,她在启发孩子预习"将相和"这篇课文的时候,是这样说的:"你能根据题目猜一猜,这篇课文讲的可能是什么故事吗? 是下象棋的故事吗?"孩子可能会说:"才不是呢,我猜是讲将军和宰相关系很好的故事。"妈妈继续引导孩子说:"哦,那他们现在关系很好,一定是曾经关系不好啦,他们曾经是因为什么原因关系不好,又是因为什么和好的呢?"以此激发孩子听课的欲望,他会想要了解这个

故事,上课的注意力一定会更加集中。

(3)反馈要做到及时、积极、具体。每次孩子给你讲完课,父母最需要注意的就是一定要及时给孩子具体的反馈,告诉她哪里讲得好,而不仅仅是泛泛地夸孩子。比如"你刚才用画图的方法给妈妈讲什么是正方形的面积,妈妈一下就明白了,看来你今天一定是非常认真地研究老师讲课的内容了!"当你指出孩子在听课的什么方面做得好,就是在为他下一步的努力指明方向,也会让他对自己的控制力产生更强的胜任感。

如果孩子确实有讲不清楚的地方,你也要耐心地给出建议:"宝贝,你两位数的乘法这一点好像讲得不是十分清楚,明天上课时要注意听一下老师是怎么讲的,然后回来再教妈妈,好吗?"

用当小老师的方法,其实就等于让孩子花较少的时间去预习和复习,孩子不但不会感到枯燥,还会引发他积极去听讲的欲望,并逐渐养成自觉预习和复习的好习惯,可谓一举两得。

第四步,家校联合,帮孩子建立积极的课堂情绪。

我们在前面说过,孩子的课堂情绪会严重地影响他听课时的注意力。所以,如果我们了解到孩子上课不听讲的原因是由于不喜欢任课老师或对这门课不感兴趣时,父母最好去和老师沟通一下,每个老师都喜欢努力的学生和配合的家长。

在和老师沟通时,顺序最好是这样的。

1. 告知老师,孩子希望能够在这门课上取得怎样的进步。

这是在向老师表明孩子的上进心和对课程的重视程度。每位老师都喜欢努力的学生,这是争取老师帮助的第一步。

2. 作为家长,你和孩子为了能够更好地听课正在做哪些努力。

每位老师都希望家长能够配合学校的工作、督促孩子学习。向老师表明作为家长,你正在如何配合老师的教学工作、帮助孩子提升课堂听讲效率,也会让老师对孩子产生好感,愿意给予孩子更多的帮助。

3. 听取老师对孩子的建议。

在你向老师提出期望之前,一定要先听听老师对于孩子课堂听讲的建议。一方面,老师最了解孩子课堂听讲的状况和特点,还能结合自身教学经验,给出一个比较合适的建议,可帮助孩子更有效地改善其听讲状况;另一方面,出于对老师的尊重,老师在感到自己的建议被尊重和接纳时,也会更愿意配合家长帮助孩子。

4. 你期望老师能够给予孩子哪些帮助。

最后一步,也是最关键的一步,家长可以提出对老师的期望。比如,希望老师能够多给孩子一些回答问题的机会,多给孩子一些积极的反馈,甚至希望老师能安排孩子做一些帮助老师的工作,让孩子更有成就感和被重视感。

有了前面四点的沟通,老师就能了解到你是一位积极配合老师工作的家长,孩子也很努力上进,自然会更愿意在课堂上给予孩子帮助和鼓励,从而让孩子得到更多成长、进步的机会。

平时,父母还可以在与孩子的亲子互动时,让孩子认识到某门课程的实用性。如果孩子不喜欢数学,就在生活中多让他发现一些数学的用处。例如,在孩子学习分数时,你可以通过和孩子一起分苹果的时候问他:"你要几分之一的苹果呢?"或者在买家具时,让孩子帮你一起测量家具的尺寸,并讨论可以用几种计量单位来表示,以及哪种计量单位更合适等。这些都可以启发孩子上课听讲和学习的积极性。

第二节

拿什么拯救你，全家的作业大战

作业——妈妈心中永远的"痛"

晖晖妈原本是一家效益不错的广告公司的中层管理人员，丈夫也在银行做管理工作，二人事业风生水起，虽然忙碌，但是很有成就感。8岁的晖晖每天放学后，由奶奶接回家并监督写作业。一天，一通班主任老师打来的电话打破了一贯的平静。班主任说晖晖的听写作业又没完成，字迹也经常特别乱。而数学老师也给晖晖妈发来了信息，说晖晖写作业总是偷工减料，留10道题，他却常常只做其中的7道题来糊弄老师。老师们希望家长能加强管理，监督孩子有质量地完成作业，并告知家长一旦好的学习习惯没养成，等升入中高年级，晖晖的成绩一定会在班里垫底。

晖晖妈这下着急了，儿子前途要紧，在和丈夫反复权衡后，她毅然辞掉工作，亲自辅导晖晖学习，并为晖晖制订了一个严格、详细的作业时间表，期望从此能够彻底地纠正儿子完成作业的习惯。

谁知，这只是晖晖妈"噩梦"的开始。那看似完美无缺的作业计划，在施行的第一天就被晖晖的表现彻底粉碎了。晖晖写作业总是磨磨蹭蹭，妈妈吼他一下，他就快写两个字，可一转眼，他就又开始玩起书桌上的奥特曼模型；一会儿要上厕所,一会儿又要喝水,妈妈只要催他催得声音大了些,他就干脆坐在书桌前委屈地掉起"金豆儿"。甚至有一次,晖晖为了躲避妈妈的催促,谎称自己肚子痛,躲进卫生间里足足看了半个小时漫画书。

晖晖妈的焦虑感越来越重,她边抹眼泪边对我说:"老师,现在晖晖才上二年级,作业就经常要拖到晚上10点才能完成,将来可怎么办啊?别说孩子了,现在一提陪他写作业,我的情绪比他本人都紧张。我现在因为想专心辅导孩子放弃了自己的事业,可孩子的厌学情绪却更重了,真怀疑自己当初辞职回家带娃的决定是不是错了……"

像晖晖妈这样因为陪娃写作业而被折腾到怀疑人生的家长,在我的来访者中屡见不鲜。孩子的作业似乎已经从一个个人行为,上升到了一场全家的"大战"。

陪孩子写作业的误区

在妈妈的监督下写作业,晖晖的学习效率为什么反而降低了?要知道,有时孩子写作业的效率不高,恰恰是由于家长不合适的陪读方式造成的。下面是陪孩子写作业时,父母经常容易陷入的误区,咱们来看看,你有没有出现过下列情况呢?

1. 作业什么时候写、怎么写,家长都要替孩子做决定。

2. 孩子做作业时,家长在一旁不住地唠叨和催促。

3. 经常打断孩子对作业的注意力,随时指出孩子作业中的错误。

4. 陪孩子写作业时,家长在一旁看手机、玩游戏、聊天。

5. 当孩子做不出题目时,家长比孩子还着急,恨不能替他完成。

6. 陪孩子写作业时,家长很容易急躁、发脾气,常有挫败感。

7.家长给孩子安排了过多的额外作业。

8.家长用奖励诱惑孩子写作业或用惩罚威慑孩子写作业。

如果你在监督孩子写作业时频繁出现上述情况中的一种,那么你就需要先停下来反思,并且调整一下对待孩子的方法和态度。

作业对孩子意味着什么

我之前让学员们填写过一个调查问卷,让他们按顺序列出 5 个最令他们头疼的关于辅导孩子学习的问题。结果"如何能让孩子自觉完成作业"荣登六成以上父母的"榜首"。

大部分父母都相信,作业对孩子的学习至关重要,但是究竟重要在哪里呢? 要想有效调整家长面对孩子作业时的方法和态度,首先要了解作业对孩子意味着什么。对于孩子的学习而言,家庭作业主要有以下 3 个作用。

1.巩固和检验孩子课堂学习和知识掌握的效果。

2.查漏补缺,发现孩子在学习中的问题,并及时纠正。

3.提升孩子自控力、自我管理与解决问题的能力。

说到底,作业就是通过一种有效练习的方法,帮孩子巩固学习效果、提高学习能力、养成学习习惯的一种途径。说白了,作业是一种手段,而不是目的。如果你陪孩子写作业的目的,仅仅是为了让他完美地完成作业本身,那这种付出不但毫无意义,反而会造成孩子强烈的依赖性或出现逆反情绪,作业也变成了家长的责任,而非孩子自己的练习。

当孩子在低年级刚开始接触作业时,家长就需要意识到孩子贪玩、完成作业拖拉、字写得歪歪扭扭、做错题等,都是再正常不过的现象。正因为如此,孩子才需要通过做作业这个途径,使他逐渐养成良好的学习习惯和自我管理的能力。

孩子是学习的主体，家长只是在孩子养成习惯之初，起到一个支持和辅助的作用。就好比你是他的"拐杖"，而非"轮椅"，孩子总有一天要学会脱离父母，自主行走，而不是让你代替他的双腿。

下面我们就来看看，父母要如何从作业前准备、做作业和检查作业3个方面，帮助孩子养成自主完成作业的习惯。

自主完成作业，需要环境和心理两种准备

为完成作业做准备的过程，也是激发孩子作业意愿的过程。

在美国印第安文化中，有这样一则寓言：每个人心里都住着两匹狼，一匹自私、怨恨、欺诈，另一匹则富有同情心、爱心，诚实而平和。通常哪匹狼会赢呢？一位智者说："你喂养的那一匹会赢。"

每一个孩子的内心都有通过努力学习获得知识和成就的需要。如果我们给孩子创造的环境，有利于激发孩子努力学习的愿望，其实就等于强化了孩子内心自主学习的需要，让他在面对作业时，能有积极的心态和足够的自信。

1. 准备良好的学习环境。

为孩子创造一个适合学习的良好氛围，让孩子在写作业的时候，能够保持足够的注意力和积极的情绪状态。当人们缺少空间或空间杂乱无章时，就会感到局促不安，缺乏做事的动力，甚至会想要逃离这个混乱的地方。在我的建议下，晖晖妈找了一个她和晖晖心情都很好的周末下午，和晖晖一起好好地布置了一下晖晖的书桌，把一切和学习无关、影响晖晖注意力的东西都收拾到其他的地方。至于具体要怎么收拾、书桌怎么布置，妈妈都听从晖晖的意见，给予他充分的自主权。

妈妈问晖晖："你希望把桌子上的'奥特曼''蝙蝠侠'和

漫画书搬去哪里,才能让你写作业的时候更专心呢?"

晖晖想了想说:"我要把玩具角移到卧室,然后用一个新架子专门放它们。"

妈妈认为晖晖的主意很棒,母子俩专门从网上买了个新玩具架,晖晖还自己选了一些颜色各异的文件夹,用来存放不同学科的练习册。书桌的摆放方式也是晖晖自己设计的,妈妈只是在他需要帮助时提供支持。比如,妈妈会启发晖晖思考:哪些是他学习时必要的物品?哪些是要扔掉的?并和晖晖讨论应该用什么样的方法才能更有效地把物品分类、摆放整齐,找的时候也会更便捷。

一切完毕后,妈妈让晖晖好好地感受了一下他自己收拾得干净、整洁的桌面和整齐有序的书架。晖晖心里莫名地升起一种满足感,竟有了想要马上坐到书桌前读书的欲望。

可不要小看和孩子一同整理学习环境的过程。首先,这是一个很具有仪式感的行为,通过这个仪式,可以让孩子主动地把环境和心中暂时无关的、干扰注意力的繁杂事物都清除掉;其次,孩子还能通过自己布置学习环境,获得一种自我掌控感,为他下一步专注写作业奠定基础。

2. 做好心理准备很重要。

有不少来访的父母都和我抱怨过:"我家孩子是不是天生不喜欢学习啊?平时哪怕一整天都玩得很开心,只要一喊他写作业,拉他到书桌前坐好,他马上就跟换了个人似的,变得情绪低沉。我都没说他什么,他就开始掉眼泪。"

其实,这是一种典型的"抚景伤情"。如果孩子每次学习时,体验到的总是失败和挫折,再加上父母经常责骂和唠叨,时间一长,学习和不开心的情绪便会建立联结,造成孩子还没开始学,就会直接产生焦虑、沮丧的情绪。这种现象在心理学中叫作"联想法则"，也叫作"心锚"，最初来自著名行为心理学家巴甫洛夫的"刺激－反应"实验。每次他给狗儿喂食前，都会先摇响铃铛。这个过程重复多次以后，狗儿再听到铃声，即使没有食物，也会分泌唾液。因为它把听到铃声和食物之间建立了特定的联系。

想想看，你是不是也有过这样的情况：闻到某种特殊的味道或处于某种特定场景，会让你不自觉地产生开心或不开心的感受？这些感受很可能和你成长过程中在这种味道或场景下的某段特殊经历有关。这和孩子为什么坐到书桌前就不开心的原理是一样的。

了解到这些知识，你可能会问，有没有什么方法可以让孩子在学习时产生积极的感受呢？

当然有！著名潜能激励大师安东尼·罗宾曾提出建立心锚点的4个步骤：①确认对方身心处在一种特别的状态；②在这种状态最强烈的时候提供诱因；③诱因必须是独特的；④诱因的提供要准确。

那么，这4个步骤具体该如何运用呢？

1. 找到和孩子在一起处于最优心理状态的时刻。比如，当孩子在某个小比赛中取得胜利，你向他表示祝贺的时候；你和孩子一起爬山，遇到困境时，你激励他的时候；当你们终于到达山顶，和孩子一起欢呼庆祝的时候；当孩子学习到一项有趣的新技能的时候等。总之，是你和孩子在一起，双方都感到快乐和充满力量的时候。

2. 每到最优心理状态达到最强烈的节点时，提供诱因。这个诱因可以是一种只有你和孩子才理解的、令人感到温暖又饱含激励效应的动作，比如击掌、碰拳、双手搭在孩子的肩膀上轻拍几下等。

3. 这个含有激励效应的动作一定要设计得清晰准确，使孩子能够明白你传递给他的意思。

4. 这个有激励效应的动作必须是独一无二的。比如，如果你设计的动作是把双手搭在孩子的肩膀上轻拍两下，坚定地说："我相信你！"那么以后，每当需要激励孩子或和孩子一起庆祝的节点，你都要使用这个动作，并且拍的部位及说话的力度也要一样，这样孩子才能够逐渐把这个动作和愉快、温馨、有力量的感觉联系起来。

比如，当孩子坐到书桌前开始学习或者在他写作业遇到困难时，你都可以通过这个动作去鼓励他："再坚持一下，相信你可以做到。"这就好像给孩子大脑启动了一个开关，孩子做事的信心会重新开启。

同时，每当孩子写作业的时候，家长要尽量减少挑孩子毛病的次数，并应用比较轻松、温和的语气和他说话；当孩子感到灰心和厌烦的时候，你要对他表达理解："确实，今天的作业有点多，你难免感到有些烦。"发现他学得比较专心时，你也要及时给他肯定："今天你作业写得很认真！"这样，孩子就会越来越多地感受到学习带来的获得感和愉悦感，也会更愿意投入精力去学习。

养成自主完成作业习惯的 4 个秘诀

1. 自主清单：帮助减少大脑记忆负荷。

自主清单包含了两层含义，一个是自主，另一个是清单。

先说自主。在我们的 RAPC 动力模型中，自主是一个非常重要的环节，孩子能否发展出独立做事的信心和能量，一个很重要的基础，就是他能否有足够的空间去自主地决定和掌控自己的行为。一个总是在家长严格管控下的孩子，是不可能自己发展出自主能力的。

说到这儿，有的家长估计会忍不住了："孩子根本没有自觉性，你还要让他自主，那他肯定选择不学习啊！"

这里所说的自主不是让家长全然"大撒把"，一切都由孩子自己决定，而是要根据孩子年龄和能力特点，在一定范围内，让孩子有自我选择和自我决定的权力，比如让孩子自主列清单和选择做作业的顺序。

清单这个方法，我们在第三章有关时间管理的问题中已经讨论过。不少成人都有过这样的经历：当我们一天中要做的事情太多时，就会产生一种忙乱的感觉。比如，写工作报告的时候，突然想起给客户的一个重要电话还没有打，并且晚上要参加商务聚会的服装可能没时间选了……

当所有要做的事情一股脑涌上心头时，那种烦躁和慌乱，会使你很难把注意力完全集中在当下的事情上。也有的时候，由于对要完成的事情缺乏梳理和规划，会很容易造成对工作的拖延，刷会儿朋友圈、玩会儿游戏，直到最后期限才想起还有好多事情没有完成。

清单的两个最重要的价值：一是减少因为大脑记忆负荷而引起的注意负担和紧张感，让你全心全意地处理当前任务；二是帮你确保规划重要事件和时间，把大脑中不可靠的记忆用可视化的方式呈现出来，确保任何事情都不会被遗漏掉。

要如何帮助孩子学会做自主清单呢？这里有 3 个步骤。

（1）每天回家后，让孩子自己把要做的事情列出来。之前，妈妈总是忍不住去纠正晖晖学习时面临的所有问题。晖晖准备写作业时，妈妈会说："今天留了什么作业？趁现在脑子好使，先做数学，把最难的先完成！"或"你怎么又发愣啊？和你说过多少次，要集中精力、认真写！"

结果呢？妈妈会发现，她越督促晖晖，晖晖的毛病反而越多。这是因为晖晖没有从学习中获得任何自我支配权，一提到学习，耳边就会都是父母和老师的否定和催促，于是他便渐渐对自己失去了信心。

后来，妈妈和晖晖商量，每天放学后，准备一张横格纸，晖晖自己把当天要做的事情列到这张清单上。清单分为3个部分：①所有的家庭作业（包括口头、笔头和手头）；②体育运动和兴趣特长练习（如绘画、书法或乐器）；③晖晖最喜欢的课外书阅读、亲子聊天和自由玩耍。把这些项目都列出来后，不但腾空了晖晖大脑的记忆空间，能留下更多的能量专注做每一件事情，还让晖晖懂得了只要尽快把重要的学习任务完成，就可以留下更多的时间去做自己喜欢的事情，也会对接下来的学习充满了期待，效率自然也会提高。

（2）把清单按难易程度和先后顺序进行分类。这个工作要让孩子自主去完成。当然，对于年龄小的孩子，他们一开始会不太了解该如何分类，这时家长需要在一旁做辅助性的启发，比如向孩子提问："哪项作业最少，你可以用最短的时间完成？""哪项作业是你相对最感兴趣的？"或"哪项作业是你认为最容易、最熟练，做起来比较轻松的？"

要引导孩子从他做得最快、最容易上手的事情做起，这样的好处是让孩子可以用尽量短的时间、更容易地进入学习状态。一旦进入状态，再逐渐增加任务难度，这样孩子也比较容易适应。

有些家长会问："如果孩子自己评估的任务难易情况和实际操作相差太远，怎么办？""如果孩子把玩耍排在最前面怎么办，也要依他吗？"

其实，孩子上了一天的课，回家之后想玩一会儿再写作业是非常合理的要求。家长可以和孩子商量，约定好玩多长时间及玩些什么。比如，孩子希望玩 15 ～ 20 分钟就是一个很合适的时间。至于玩的内容，孩子最好不要玩那些容易沉溺其中、难以自拔的游戏（比如电脑及手机上的游戏），以防他之后难以进入学习状态。看一小段动画片、玩球、读课外书，或者和妈妈开心地聊聊天等，都是很好的放松方式，家长可以把允许孩子在作业前放松的活动内容先列出来，让孩子自己去选择。

同时，家长也需要给孩子犯错的机会。你可以问问自己，能在多大程度上承受孩子在成长中出现的差错，要允许孩子在错误的基础上不断改进。比如，今天孩子坚持按照自己规划的不太合理的清单顺序去执行，那么他可能要承受要到很晚才能睡觉、失去玩耍的时间，甚至还要面对第二天被老师批评等后果。那么，在第二天，你就可以和他一起分析造成这些后果是由于什么原因？今天要怎么改进，才能让他有更多自己支配的时间，并可以有质量地完成作业。这样，通过一步步地调整，孩子的自我规划能力就会逐渐地建立起来。

（3）可视化反馈，给孩子成就感和动力。大部分用过工作清单的成人都会在完成一项任务后，就会在清单上这个任务的后面打个"√"，或者干脆用笔把这一项划掉。每打一个"√"或划掉一项任务，都会让人体验到一种满足感和成就感，既能感到放松许多，又能增添继续做事的动力。孩子在完成自己清单任务时也可以用一样的做法，你可以和孩子一起使用最能让他感到满足的反馈方式。比如，晖晖最喜欢的数学老师每次在晖晖数学作业完成得不错时，都会给他盖一个小红旗。所以，妈妈把晖晖的清单贴在他书桌上方的墙面上，每当晖晖做完一项任务，妈妈就会在这项任务后面给晖晖盖一个代表

"成功"的小红旗。每次看到小红旗，晖晖都美滋滋的，也更有动力去完成下一项任务，对于写作业的信心也会增强。

2. 有效过渡：使用最少能量，最快进入学习状态。

让很多爸爸妈妈最发愁的是孩子在写作业时，总是迟迟难以进入学习状态。有位妈妈曾对我说："孩子的清单上明明写着回家后看 20 分钟动画片后就去背单词，可是，要么时间到了他还在磨磨叽叽、不愿意关掉视频，要么就是好不容易催他关掉视频，他却懒懒散散地坐在椅子上，半天无法进入学习状态。气得我真想揍他一顿！"

其实，孩子难以从玩耍的兴奋中走出来进入学习状态，是有一定心理原因的。上一节我们提到了注意转换的问题，当你的注意力从一个任务切换到另外一个任务时，中间会产生一个"转换成本"，而转换成本的高低主要由新任务的复杂程度、吸引力以及两个任务之间的相关程度所决定。

如果孩子的新任务（比如做作业）的吸引力远远不如旧任务（看电视或玩游戏）大，甚至是孩子不那么感兴趣的事情，那么这个转换成本就会变得非常大。这意味着孩子的大脑不得不同时启动两种功能，一方面要抑制对感兴趣并深陷其中的事情的注意；同时，另一方面又要激发自己对写作业这样一个复杂且不怎么令人开心的任务的兴奋度。这对于大脑前额叶皮层发育尚不完善的孩子来说，是一项非常困难且复杂的工作。

如何尽可能地降低任务转换成本，使孩子更容易从玩耍过渡到写作业中去呢？这里有两个方法。

（1）给任务降级：把从任务 A 到任务 B 之间的过渡，分解成几个简单的、耗能少的小任务，就好像给两个任务之间搭一座桥作为过渡。比如，晖晖妈会在他快看完 15 分钟视频时跟他说："晖晖，还有 2 分钟就该关视频了，咱们来吃点点心，顺便和妈妈聊聊今天在学校学了什么有趣的东西好吗?"

晖晖一听高兴地回答:"好嘞!"于是,便顺顺当当地关掉了视频。

你看,要从动画片立刻过渡到作业,对晖晖来说是需要消耗很大自控力的,但是和妈妈聊天、吃点心,不但不会消耗能量,还能把晖晖从对视频的兴奋中拉出来,逐渐平复心情,同时还补充了能量,这对晖晖来说就容易多了。

(2)先进行一个难度较小的、与作业相关的活动。可以根据刚才列的清单,先从一个难度最小、最简单有趣,并和作业相关的活动入手,引导孩子更容易地进入学习状态。比如,先查看一下课表,把第二天课程要用的课本放进书包;或者先陪孩子玩一个 5 分钟单词小游戏,妈妈可以和孩子比赛,根据线索,看谁拼写的单词最多,引起孩子对单词拼写的兴趣后,他就可以更顺利地进入到作业要求的单词学习中。

晖晖妈和晖晖选择的方法是我们上面章节介绍的"小老师"时间。通过晖晖给妈妈当老师,教授妈妈他当天在课堂上所学的知识,这不但加深了晖晖和妈妈之间的亲密交流,还帮晖晖复习了当天所学的内容,让他自然而然地进入到学习状态,也有助于他更熟练、更顺利地完成作业,可谓一举多得。爸爸妈妈们都可以尝试一下这个方法。

3. 气泡式学习:合理有效地使用注意力。

法国神经认知学家让 - 菲利普·拉夏认为:"当我们把注意力集中在一个具有简单目标的有限的时间内,就好像进入到一个气泡。在这个气泡中,我们会和大脑的执行系统签一份协议,确定了在这段有限的时间内,大脑应该注意什么、忽略什么。这样一来,那些其他的长期目标就不会干扰到当前的目标,我们的内心也会因此变得安宁而专注。"

我们把时间缩减到足够合适，把任务目标简化得越单一，那么人就越不可能受到干扰，可以安定并且很享受地做事情。这个方法不仅适用于那些患有"拖延症"的成年人，对于注意力习惯尚未养成、自控力和自我管理能力暂时偏弱的孩子来说，也是一个行之有效的练习。

在上一章节我们提到过"番茄工作法"，气泡式学习其实就是用更加形象的方式向孩子去诠释番茄工作法。当孩子面对一堆需要完成的作业时，畏难情绪很容易就会冒出来，因此会不自觉地拖延时间。那么，你就可以和孩子一起把他的作业或学习任务，分解成一个个足够小的目标。比如，让孩子在规定的 10 分钟内，完成 100 道口算题，就是一个胜利。然后，你给孩子讲气泡的故事，引导他去想象，自己要进入到一个简洁、舒适的气泡中，集中最大精力去完成一项简单但却重要的任务。因为这个气泡与外界是隔离的，所以任何事物都干扰不到他，让孩子想想看，这会是一种什么感觉呢？

这样，孩子会很容易将全部注意力都专注在这短暂的 10 分钟要完成的口算题上，时间不长、任务不重，还更容易激励孩子做事的信心。

具体要如何运用气泡式学习，帮孩子在写作业时合理有效地集中注意力呢？这里有 3 个要点，爸爸妈妈们一定要注意。

（1）时间设置要符合孩子当前的注意力水平。每当家长向我抱怨孩子写作业的问题时，我都会问他们一些问题，例如："孩子平均要用多长时间完成作业？""他一般专注学习的时间有多长？""他以往最专心写作业的一次经历是怎样的？坚持了多久？是什么让他做到专注的？"如果缺乏对孩子耐心的观察和了解，家长是不可能回答出这些问题的，自然也就难以制订出真正符合孩子实际情况的时间设置计划。

晖晖妈一开始和晖晖设定的气泡时间是 30 分钟,虽然晖晖一开始觉得自己没问题,可是没过多久,妈妈就发现,晖晖实际上坚持不到 15 分钟就会开始走神。这次妈妈没有急着催促晖晖,而是通过耐心提醒等方式,又观察了晖晖几天后,和晖晖商量是不是要修改一下他的气泡时间,从而保证晖晖在他的气泡"破碎"之前就能完成目标。

这次,晖晖自己提出:"改成 15 分钟可以吗? 这次我保证能完成目标!"

妈妈笑着点点头:"好啊,在 15 分钟内能集中注意力完成一项任务,你就成功了!"

这次晖晖真的铆足了精力去抄写生词,连一次头都没有抬。15 分钟后,当计时器的铃声响起时,晖晖已经把规定的两页生词都抄完了。他一下子充满了成就感,高兴得跳了起来。

(2)"中间不打断"原则。刚才谈到,我们之所以把这种分段学习比作"气泡",就是要让家长和孩子都能够形象化地理解到,孩子在每一个特定的时间颗粒中,都要像在一个气泡中工作一样,并且气泡是一个与外界隔离的环境,孩子可以不受任何打扰地全然投入。

那么问题来了,我们该怎么处理那些可能干扰到孩子注意力的事情呢?

我们要尽可能地把干扰孩子注意力的外界因素降到最低。比如,家长可以把手机铃声设置成静音,也不要在孩子的面前接听电话。

有的家长会问:"孩子写字时,如果字迹太潦草或者把字明显抄错了,可以提醒他吗?"

千万不要! 你的提醒不但会打断孩子的专注状态,也会干扰到孩子的情绪,就好像人为打碎了"气泡",再重新建立

"气泡"必然会增加注意转换的成本。最好的方式是等孩子完成一个气泡时间的工作,休息的时候,再给予提醒。

家长需要事先和孩子制订好规则:如果遇到确实不会的题目时,可以先把这道题目跳过去,继续做下面的题。等做完所有的作业后,再回过头来重新思考或求助父母。

(3)创造最利于孩子恢复状态的休息时段。每个"气泡"之间的休息时间是非常重要的,它是对孩子成功完成目标的奖励,也可以帮孩子积蓄足够的能量进行下一个"气泡"任务。对于学龄前和低年级的孩子来说,他们的作业不多,每完成一个气泡任务,只要休息 5 分钟就可以了。随着孩子年级升高、作业增多,如果孩子感到很疲倦的话,也可以在每 4 个气泡时间后,再安排一个较长的放松时间(如休息 20 分钟),以帮孩子恢复状态。

孩子在"气泡"之间的 5 分钟休息时间适合做些什么呢?这里的标准是尽可能做一些能帮助孩子放松精神、积蓄能量的事。比如,稍微活动一下四肢、拍拍球、喝点水或吃点水果、和妈妈讲个小笑话等。千万不要做那些剧烈、会分散孩子精力的事情,如看视频、玩游戏,这样会严重分散孩子的注意力,使他难以重新回到学习的状态中。

利用气泡学习法让孩子先养成在一定的时间内专注做事的习惯,等孩子注意保持的时间增强了,再逐渐拉长他的气泡时间。如此坚持下来,接受快的孩子一般在 3 个月之内,慢的孩子则可能要用半年到 1 年的时间,就可以基本养成自主写作业的习惯。

4. 目标合理 + 有效反馈:让孩子总能获得成就感。

与很多家长一样,晖晖妈一开始也希望儿子不但能做到快速、整洁地完成作业,还要保证作业有很高的正确率,但她很快发现，太多的目标很容易让晖晖产生畏难情绪，认为自己做不到，反而降低了作业的完成效率。

后来，妈妈改变了对晖晖的要求，和晖晖一起制订了适合他当前能力的目标。比如，利用气泡学习法要求晖晖先提升写作业的速度，等晖晖逐渐养成在规定时间内集中注意力完成作业的习惯后，再通过给予晖晖有效的反馈，来提高对晖晖作业质量的要求。

有两种反馈方式，是我们在帮助孩子养成作业习惯的过程中经常用到的。

（1）记录和强化孩子的进步：在孩子没有养成自觉作业习惯之前，陪读的父母要尽量多地观察孩子每天的成长和进步。比如，晖晖每天都在 15 分钟之内做 100 道口算题，但是今天他只用 14 分钟就完成了，妈妈就会告诉晖晖："儿子，妈妈看你今天做口算的时候，中间一次停顿都没有，计算速度比之前快多了，而且只错了 2 道题，这说明你比之前更能集中注意力了，口算能力也提高了。"

这样，晖晖的内心会获得自我胜任感。这种具体化的反馈，告诉了孩子他付出怎样的行为就会取得怎样的成效。这将为他在之后付出更多行动去完成目标提供动力。

（2）用具体化的方法，鼓励孩子改善：当发现孩子作业中有问题时，父母该如何引导孩子改正？这时，一定要提供给孩子一个带有具体标准的解决方案，并引导孩子相信，他有能力改善得更好。

举个例子，有个一年级的小姑娘，每次写语文生字的时候，字都会写得很小，像一堆小虫子，歪歪斜斜地爬在田字格里。妈妈看到后，并没有直接跟她说："你要认真写，把字写得漂亮点。"因为认真和漂亮都是太抽象的概念，孩子很难听懂。

所以，妈妈先指着女儿刚写完的一行"雪"字，对她说："咱们给这几个'雪'字评个名次怎么样？你觉得它们哪个最漂亮，哪个其次，哪个又最不好看呢？"

小女孩一下子来了精神，她用审视的眼光认真地挑出了这些字中写得相对好的两个字和不太好的字。如果她挑出的字是对的，妈妈就会鼓励她"观察非常仔细"，并且会询问她为什么觉得这个字得分最高？如果她挑出的字不太合适，妈妈也不要着急，而是要告诉孩子，你觉得哪个字最好看以及为什么？

妈妈可以找出课本上"雪"字的田字格规范写法，引导女儿注意书本上示范的"雪"字的结构细节："你看，这个'雪'字是分两部分的，上半部分落在田字格的什么地方？下半部分又落在什么地方？它们离得有多远？哪部分更大一些……"之后，让女儿对照着规范字再给自己写过的字重新打分，最后，再鼓励她照着这个标准，多写出几个得分更高的字。

在这个过程中妈妈做到了什么？

首先，她没有直接批评孩子哪里做得不好，而是鼓励孩子用自评的方式，主动看到自己的优点和不足，在这个过程中孩子会充满兴趣；其次，妈妈没有笼统地告诉孩子"你要认真写，不要把字写得那么小"，而是拿出一个标准，引导孩子自己分析、总结，了解字的结构应该是什么样的。这样做可以让孩子有获得感，卜面也会自觉地按照这个标准进行练习。

当然，即使有了标准，孩子写字水平的提高、从"知道"到"做到"，仍然需要一个较长的过程，这是由孩子自控力水平、手指肌肉发展、精细动作熟练程度决定的。我们一定要给孩子一个成长进步的时间，只要他能够照着这个标准认真去做，就会随着练习越做越好。这时，你再让孩子进行前后对比，看到自己的进步，孩子就会变得越来越有自信。

纠正孩子做题"马虎",远不是 "认真一点"就能解决

教育学研究表明,孩子在做题、考试时所谓的"马虎""粗心"绝不是一个简单的问题,并不是只要"认真一些"就可以解决的。

你的孩子"马虎"吗

龙龙妈在教育孩子方面一直比较"佛性",她认为小学阶段重要的是兴趣,只要孩子对学习的兴趣不减,成绩自然错不了。事实上,龙龙确实是个机灵的孩子,学东西快,上课时也总是会抢着回答问题,课堂练习也完成得不错。所以,当第一次看到龙龙因为"马虎"在考试中丢分时,龙龙妈并没当回事,觉得小孩子嘛,粗心、马虎很正常,只要不是不会做,下次认真点就可以了。可万万没想到,龙龙做题马虎的毛病,从此却保留下来了,无论是做作业还是考试,总会因为马虎而出点错,不是读题看漏了条件,就是抄数字少抄了一个"0",而且,随着年级提升,龙龙马虎的现象不但没好转,反而越来越严重了。

让妈妈真正意识到问题严重性的是龙龙三年级下学期的期中考试,平时龙龙自认为是强项的数学只考了 87 分,语文更惨,居然把整整一道大题都漏做了!眼看着龙龙就要升入小学高年级,即将面临"小升初"的压力,再不纠正做题"马虎"的问题,龙龙的成绩很可能会继续直线下降。于是,一向"佛

性"的龙龙妈也有些着急了。

1. 面对孩子做题"马虎"的两种态度。

提到孩子做题马虎，不少父母会有两种截然相反的心境。一类家长会因此感到很恼火。有一位脾气比较急躁的妈妈曾跟我说："我最不能忍受的就是他明明会做还扣那么多分。每次试卷发下来，我都气不打一处来，恨不得揍他一顿。平时反复和他强调，做题时一定要仔细，他都当耳旁风了!"而另一类家长就像龙龙妈那样，知道孩子是因为马虎扣分时，反而松了口气。这种心境背后的潜台词是：还好，孩子又不是不会做，只不过就是马虎了而已，下次只要认真点，就可以拿到分数了。有不少孩子也是这种态度，每当父母问他题目为什么会做错，他就会摆出一副满不在乎的表情说："马虎了呗!"好像只要把问题归结为马虎、粗心，亲子双方都会觉得心安理得。

但慢慢你会发现，让孩子"下次认真点"这个行为，其实非常难以控制。比如龙龙，他每次都会向妈妈保证："妈妈，我下次考试一定会特别认真，绝不再马虎了!"等到考卷拿回来，龙龙还是会因为马虎而丢分，而且每次犯的错误都差不多。时间一长，"马虎""粗心"不仅成为孩子身上一个黏性很大的标签，同时还变成了孩子应对作业错题、考试失分最有力的挡箭牌。

2. "马虎"绝对不是小问题。

不少父母可能认为，"马虎"是导致孩子做题出错的原因之一。其实恰恰相反，"马虎""粗心"可能只是问题的其中一个结果，涉及孩子的学习情绪、注意力习惯、知识掌握水平以及手眼协调等多方面的影响因素，需要具体问题具体分析，才能让孩子获得有效地纠正。

导致孩子"马虎"的原因

我通常把导致孩子做题马虎的原因分成4个类型：知识掌握型马虎、注意习惯型马虎、思维跳跃型马虎以及情绪性格型马虎。

1. 知识掌握型马虎：孩子以为自己学会了。

妈妈指着龙龙刚做完的一道数学计算题"3.8+15.9=18.7"问他："你看看这道题，做得对吗？"

龙龙随便瞥了一眼："没算错呀。"

妈妈："没错吗？你再算一遍！"

龙龙不情愿地拿起笔算起来，终于挠着头说："哦，不对，是19.7，刚才一马虎忘进位啦。"

很多时候，孩子把本应"会做"的题目做错，"会写"的词语写错，可能恰恰是因为对知识掌握得不牢、做题不熟练，或者概念不清而造成的。这种情况往往很容易被孩子和家长忽视，被简单地认为只是"一时马虎"，因此并未加以重视。这种所谓的"马虎"，就是知识掌握型马虎。

就拿龙龙来说，情况往往是这样的：他上课听老师讲解，觉得很容易懂；做作业时，实在想不起来，查查书上的例题和公式，就把题做对了。于是，龙龙便认为自己已经学会了。

然而，孩子对一道题听得懂、能做对，和他完全学会并能熟练掌握是两个概念。就像龙龙这样的孩子，你让他算简单一些的 3+15 他肯定不容易马虎，可为什么一到复杂一些的 3.8+15.9 就开始出现马虎了呢？

这说明，孩子对做这类题目的熟练程度，对复杂算式的把握能力，还有对一些概念和公式的理解水平，还不能确保在做题时可以完全信手拈来。

不少人都有这样的开车经验。对于老司机而言,他可以做到一边开车一边自如地和旁边的人说话;可换作开车不熟练的新手司机,开车时不仅不敢随便讲话,还会紧张兮兮地一边注视着前方的路况、信号灯,一边注意着手里的方向盘、变速杆以及脚下的离合器。如此一来,他注意执行系统的工作量就会很大,稍一不注意,就可能会出问题。

同样,如果一个孩子对某类知识点掌握不那么熟,平时写作业时还好,时间不紧可以慢慢做,概念不清也可以查查书。但一到考试,一大张卷子需要限时完成,监考老师还会在旁边走动,连两侧同学的翻卷声都可能对他造成干扰,心理状态也会比平时要紧张。这时再遇到平时练得少、不熟悉的题,孩子心里就会"咯噔"一下,感觉这道题看着眼熟,说会也会,但要做出来却得费点劲儿……

上一节我们提到过注意负荷这个概念,因为不熟练,孩子做题时的注意负荷就会很大:要用什么公式,公式怎样才能不列错,计算要几步,每一步会用到哪些知识点,抄写时怎样不出错,还有如何才能不受周围环境的干扰……这时孩子很可能会顾此失彼而导致出错。

遇到这种情况,如果父母事后仅告诉孩子:"看看,你因为马虎丢了多少分!下次能不能认真一点?"这恰恰就掩盖了孩子对知识掌握不牢、不熟练的真正问题所在。孩子也容易因此放松警惕,对这类题型仍旧不加以重视。结果呢?下次再上考场,即使孩子真的有心要认真一些,恐怕对他来说也难以做到。

那么,要如何纠正孩子因知识掌握不牢导致的做题出错呢?

(1)通过让孩子给父母讲题,让他发现自己掌握不熟练的知识点。之前龙龙每次考完试，妈妈只是让他把错题改正过来、重做一遍，但这并不能体现龙龙对知识点真正的掌握程度。后来妈妈换了一种方式，让龙龙给她详细讲一遍是如何解答这道题的，看看他对知识的理解熟不熟练，有没有和其他概念相混淆，或是掌握了却不能灵活运用。一旦发现龙龙说得结结巴巴，不时地需要低头使劲去想，或是干脆说错了，妈妈就会知道，龙龙做错题的原因看来是对知识点掌握不熟练，需要加强练习了。

（2）通过刻意练习，加强对不熟知识点的巩固。这类马虎的孩子，由于其上课听得懂、能理解，对于掌握不熟练的题，只要通过加强练习，孩子就很容易取得进步。一旦把不熟练的知识点找到、练熟，孩子内心就会产生很大的获得感，对自己也会更有信心。这时，你只需要拍拍他的肩膀，告诉他："看来你对这类题真的掌握熟练了，以后考试也就不会再出错啦。"其他的话不用多说，孩子自己就会感到胸有成竹。

2. 注意习惯型马虎：因各种注意力问题导致的马虎。

这是在孩子们身上最常见的一种马虎类型，因为孩子没有养成良好的注意力习惯，在做题时很容易出现各种注意力问题，导致做错题。这些注意力问题主要表现为因选择性注意、主观臆断和视觉迁移导致的感知错误。

（1）选择性注意：孩子在读题时，很容易只重视某些条件而忽视其他重要条件和关键词。

例如，一道小学应用题："政府计划修一段公路，原计划每天修 350 米，需要修 45 天。如果想要提前 10 天完成任务，每天要修多少米?"孩子在做题时有可能没有注意到"提前 10 天"的"提前"二字，直接列式：$350 \times 45 \div 10 = 1575$（米）。这道题自然就做错了。

（2）主观臆断：孩子们读题时最常见的一种错误，就是不按照题目本身的要求，而随着自己平时的思考习惯想当然地去解题。

例如，孩子在看到 9.2+0.08=？ 时，会直接把答案写成 10。

再比如有这样一条信息："研究表明，汉字顺序并不定一影响阅读。"你能不能读出这句话的意思？

不少人一开始感到莫名其妙，这句话怎么啦？再仔细一读就会发现，这句话的字序是乱的，但是多数人仍然能够在大脑中把这句话的字序自行排好，并顺利理解它要表达的意思。原来，人的视知觉很容易凭着对事物的整体知觉和惯性思维，对自以为熟悉的材料做主观性加工，这往往就会使我们忽略一些很重要的细节。在工作中，成年人会有意识地通过重复检查等方法尽力避免出现此类失误。但是对于很多自我控制能力和注意力习惯尚未养成的小学生来说，就很容易按照自己的记忆、习惯和头脑中想当然的臆断去做题。

（3）视觉迁移导致的感知错误：不少小学低、中年级的孩子，注意的稳定性和手眼协调能力的发展还不够完善，这可能导致他们在读题和抄写过程中，出现串行、抄错数字或运算符号、混淆相近或相似的数字或符号等问题；在连续计算的过程中，也会出现运算顺序错误、漏写、忘记移项变号等问题。比如，把草稿纸上计算出的"69"写到卷子上，就抄成了"96"；把"5000 米"抄成"500 米"；把"492.5"写成"49.25"等。

如何帮助孩子避免因为注意习惯不好而造成的错误？

第一，错题整理册——为问题归档。

之前，龙龙做题出现错误，妈妈只是让他把错误改过来，或者作为惩罚，让他把错题抄上几遍，以加深记忆。但是，这些方法能让龙龙避免下次再犯同样的错误吗？真不能！这样做龙龙只是机械性地把正确答案抄在本子上就算完成任务，要是逼他抄多了，还可能产生逆反或者厌学的心理。要帮助孩子真正修正错误，关键是要让他意识到自己究竟错在哪里，出现错误的原因，以及下次如何避免。

有些家长会说，我就是让孩子这么做的呀！比如，让孩子在错题旁边用红色记号笔标上错误原因是"马虎、粗心"。咱们在前面说过，"马虎""粗心"只是问题的一个结果，只有找出导致错误的具体原因，才能让孩子找到相应的改正方法。

我推荐的方法是让孩子准备出一个专门的"错题整理册"，给错题"归档"。相信不少学校的老师也会建议孩子们准备一个错题整理册。但是，要怎么运用这个错题整理册，很多家长和孩子却不一定知道。错题整理册最好应包括以下6个方面内容。

◆ 日期、出处：标明错误的来源，以便日后随时检查，也方便孩子之后对照检查自己是否已经取得进步。

◆ 本题知识点：以便孩子回顾自己对该知识点的掌握程度。若不熟，则需要集中练习。

◆ 错题原解：可以让孩子把错题从试卷上抄下或剪下，贴在整理册上。用红色记号笔在错误的步骤上做出标记，以便孩子了解自己当时做错题的过程，避免下次再犯同样的错误。

◆ 错题原因：导致此题扣分的原因分析。如果孩子在同一考试中错题较多，也可以把此次考试所有错题进行分类。比如，概念不清的归一类、题没读全、丢条件的放一类，计算错误放一类等等。这就让孩子清晰地看到自己最容易在哪些方

面丢分,并找出相应的解决办法。

◆ 正确答案详解:本题知识点及修改后的正确答案,以及完成该题时需要着重注意的知识点,以便孩子再次加深对该题知识点的印象。注意,在这一点上,绝不能让孩子只是把老师给出的正确答案抄写一遍,而是要让他独立把题重新做一遍。

◆ 处理办法及完成情况:这是最容易被忽略的一项。不少孩子改完错题后,只会在下次考试前才抽空拿出来看看,甚至可能永远被束之高阁。然而,只有在刚刚出错时,及时训练、查漏补缺,并找出避免出错的方法,养成好的习惯,才是最有效的学习策略。

一开始,你可以和孩子一起讨论,如何避免再次出现此类错误的方案、措施,以及方案实施的时间,并用红笔写在错题整理册上。如果孩子在约定的时间内,通过练习彻底掌握了知识点或避免马虎的方法,就可以在"完成情况"里写上"已完成",也可以贴上小红花或大拇指图案作为奖励。孩子当看到这些标记或图案,心里就会产生很大的成就感。下次临考前只需把错题整理册拿出来浏览一遍,检查一下是否还有不熟或没完成的项目。当他发现自己已经把所有的问题和概念都了然于胸,不用父母鼓励,孩子自然会对考试充满信心。

现在网上的文具店也有卖专门设计好的错题整理册,本子上有已经划分好填写日期、错题原解、错误原因、正确详解等项目的地方,为孩子省去了不少设计和画格子的时间。

第二,训练孩子学会读题。

这种方法特别适用于那些对概念本身掌握没问题,但是很容易因为选择性注意或主观臆断等问题,把题读错或理解错的孩子。训练方法有以下 4 个步骤。

◆ 每天固定时间练习读题：每天只要练习 15 分钟，拿出 3 ～ 5 道孩子最容易出现错误的应用题型，让他练习指读。

◆ 引导孩子在题干中寻找并画出关键词。

需要注意的是，有相当一部分低、中年级的孩子，对于什么是"关键词"这个概念是很模糊的。要让孩子理解什么是"关键词"，开始时要给他做好示范。

一般句子中的关键词通常为这句话的主语、数量表达、数据单位表达等。在数学应用题中，关键词还包括表示两个主语之间或量与量之间相互关系的关联词，如"多""少""快""慢""相遇""和""差""超额""共""追上""注满""剩下""合作"等。

例如，有一道应用题是这样的：某厂今年十月份生产机器 205 台，这比去年十月份产量的 2 倍还多 15 台，这个厂去年十月份生产机器多少台？

这道题的关键词，除了表示数量的 205 台、2 倍、15 台之外，还包括今年比去年多 15 台的这个"多"字。孩子需要用铅笔把这些关键词汇和数量重点圈出。你也可以和孩子一同讨论分析："这道题中，有哪些关键词呀？""你为什么认为这个是关键词呢？"待确认孩子了解什么是关键词之后，再让孩子自己独立找出题目中的关键词。

◆ 画数量关系图：这一步的关键是要检验孩子是否能通过划关键词，完全看清和理解题干中数量与数量之间的关系（如果孩子对量与量之间的关系理得比较清楚，只是读题有问题的话，这一步也可以省去）。比如，上面那道题的数量关系图，一个孩子是这样画的。

去年(10): ?

今年(10): ← 2倍 → 15台

205台

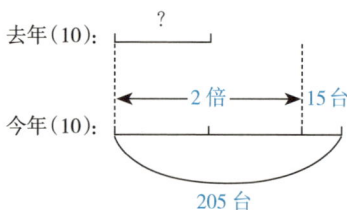

　　让孩子养成做应用题时画数量关系图的习惯,不仅能帮他进一步理清题目中量与量的关系,同时还能把题干中抽象的概念和关系具像化,使孩子进一步理解题意,更能减少孩子头脑中对题目要求的记忆负荷,避免孩子在读题到列式的过程中,因短时记忆错误而导致的列式出错。

　　◆ 快速列式:要让孩子去检验他刚才通过点读题目、划关键词和画数量关系图来理解题目的效果如何。如果孩子的算式列的是正确的,就说明他真正理解了题目,读题正确;如果仍做错,就说明他仍然没有理解题意,需要重新检查题干和数量关系图中的信息,看看是否有疏漏。

　　如此下来,每天都练习3～5道题,只列式、不计算,不但花的时间比较少(每天只需要用15分钟),孩子也不会因为任务太重而感到厌烦。如此大约3周左右,孩子读题时的专注力和熟练程度就会得到提高,对题目的理解力也会加深,做应用题时所占用的认知负荷和大脑能量就会下降,这将保证孩子在列式后的计算过程中保持更高的效率。

　　第三,快速口算练习。

　　针对在考试中容易计算出错的孩子,可以挑出孩子平时最容易出错的计算类型,进行快速口算练习。比如,有的孩子容易把"9.2+0.08"这类题做错,我们就可以帮他多找一些这类题,并把这类题和其他容易混淆的题放在一起让他练习(比如,口算中可以掺一些像"9.5+0.5"这样的可以组成整数的题）。这就提醒孩子在做题时要时刻注意审题,提高对题目的警觉性。长此以往,孩子计算的熟练程度和准确性将会有所提升。

3. 思维跳跃型马虎:省略步骤造成的"记忆性疏漏"。

9 岁的雷雷学习成绩不错,爱看书,思考速度也很快,尤其喜欢破解数学难题,是班里的"小博士"。但每逢考试,他却经常因为一些莫名其妙的"小毛病"而得不了满分。

雷雷妈在帮儿子分析试卷时发现,他通常容易在一些相对基础但是步骤却较多的综合性计算题上丢分。原来,雷雷在考试中经常"思考快于笔头"。特别是在进行综合性计算时,总是急于快速得出答案,好去攻破后面的难题,因此会不自觉的出现"跳步"的情况。

"跳步"意味着无形中给自己增加了短时记忆的容量负荷。同一时间需要记忆的东西越多,出现信息疏漏的可能性必然会随之增加。这样一来,孩子很容易忽视和忘记一些条件,甚至会出现"落步""落题"的现象,这就是"思维跳跃型马虎"。解决这种"马虎"问题有以下有两种方法。

(1)解题规范化训练:说到解题规范化,不少成绩比较好的孩子,包括很多家长可能都会觉得麻烦,认为这种方法太死板,限制了孩子思维的灵活发展。实际上,按"步骤解题"和"只按一种方法解题"是两个概念,思维灵活并非意味着省略步骤。孩子在小学阶段,注意力和记忆力水平还没发展到足够成熟,通过规范化的解题训练要求孩子按步骤解题,恰恰是在帮他们建立良好的思维习惯和思维能力。

认知心理学研究发现,人的注意力水平会随着我们对任务的熟练程度,从局部向整体推进。比如,一道数学运算题"$12 \times 8 + 16 \times 4$",对于中、低年级的孩子而言,需要进行两步三

次的运算。

$12 \times 8 + 16 \times 4$

$=96+64$

$=160$

长期的规范化运算会不断加深数字运算在孩子大脑中的熟练度,到了高年级或中学,孩子会自然而然地把"12×8""16×4"这样的算式看成一个整体,头脑中会直接浮现出"96""64"。这恰恰是因为孩子之前规范化的解题训练,使一些运算过程已经熟练到自动化的程度。在孩子主动注意能力和短时记忆水平都得到提高的情况下,解题规范也就可以不用那么强调了。

(2)考前提醒,明确检查目标。雷雷的性子急,之前考试总是一做完就交卷,从来没有检查的习惯。虽然每次考前妈妈都会叮嘱他做完卷子一定要检查,雷雷也会答应得好好的。但每当他把卷子拿回来,看到他犯的那些错,妈妈就会知道,雷雷所谓的"检查",最多就是匆匆忙忙地浏览一下。

孩子做完题为什么不愿意检查呢?想想看,考试时那么一大张卷子,相当一部分孩子在面对这样复杂的任务都会没有意志力去检查一遍。而且,不少孩子在潜意识里会存在"不检查就意味着没有错题"这样"掩耳盗铃"的想法。

要让孩子在答完试卷后能有信心去检查,需要在考试前给他一个更加明确的检查目标。这个目标通常要根据孩子实际的学习情况而定,一般分3项:①检查一下整张考卷有没有漏做的题;②检查考试过程中拿不准答案的题,可以让孩子做题时先做一个标记,当答完整张试卷后,再返回去检查;③检查平时最容易出现错误的题型,这需要家长和孩子在考前对以往考试的错题进行分析、总结。

每次在考试之前都和孩子明确检查的目标,孩子就不会觉得任务太重,也会更有信心去完成检查任务。一旦孩子在检查之后,因为马虎而失分的现象减少了,家长一定要及时把这个进步归功于孩子,肯定他认真检查的效果。这样做,孩子心里一定美滋滋的,不但建立了成就感,更能帮他强化自觉检查的习惯。

4. 情绪性格型马虎:因性格和情绪特点造成的失误。

孩子可能会因为以下 3 种性格或学习情绪问题导致做题马虎。

(1)贪玩,性格大大咧咧,心思根本不在学习上。有的父母会发现,自家孩子在做题时喜欢迅速完成,却不能专注于做题本身,经常糊弄。

此时,父母首先要做的不是马上训练孩子做题,而是要去探究孩子为什么不想学。是平时和他唠叨学习的事情过多,导致他感到厌烦和逆反,还是学习上遇到困难没有获得及时的帮助? 或是因过多地接触电视电子产品分散了精力? 想要找出孩子无心学习的原因,需要先去启发他对学习的兴趣,建立他在学习方面的获得感。本书第二章第一节专门谈到了要如何运用"RAPC 动力模型"来解决孩子对学习没兴趣或没信心的问题,具体的方法可以查阅前面的章节。

(2)暂时的情绪过于激动或焦虑引起的注意力分散。我们每个人都体验过焦虑。适度的焦虑情绪(比如担心写不完作业会被老师惩罚等)有助于提高兴奋度,增强专注力和反应力,对孩子的学习有一定的积极作用。

但是,当人处于过度焦虑时,就会伴随着很多担忧和负面思维。我辅导过的不少注意力不佳的孩子都有这样的担心:"如果我学不好,就会让爸爸妈妈和老师失望。""我考不好,

大人就不喜欢我了……"

孩子的这种焦虑情绪,可能会严重干扰他的注意力,使他在做题时(尤其在考试过程中)专注力无法集中,因此会遗漏题目中的很多重要信息。

有一个比较形象的比喻:当你拉提琴的时候,只有相对紧的琴弦才能发出悦耳的声音,可一旦琴弦由于过度拉紧而崩断,自然什么乐曲都演奏不出来了。

人的情绪越低落,自控力水平也就越弱。除焦虑外,像厌倦、委屈、愤怒、羞愧等情绪,也会成为影响孩子学习时的注意力的因素,形成情绪型的做题马虎。如果一个孩子刚和小朋友吵了架,或者刚刚因为做事"磨蹭"被妈妈训斥,当他的大脑还被激动的情绪控制着,这时你让他去做题,他肯定做不好,也一定会错误百出。其实成年人也是一样的,我想不少妈妈会有这样的体会,如果你刚和孩子或者老公生完气就去做饭,常常会不是盐放多了就是会把醋当成酱油。

这就要求父母在孩子学习、做题或参加考试前,要给予他信任和支持,确保他的情绪是平静的、饱满的,既不过度兴奋,又不沮丧压抑。如果他的情绪过于激动,就先不要让他学习。

(3)内分泌失调造成的暂时性注意力下降。这种原因造成的做题马虎往往是阶段性的,和孩子的内分泌水平相关,主要发生在青春期,也就是小学高年级和初中学生的身上。有些孩子在进入青春期后,由于体内激素分泌处于较高水平,特别是肾上腺素的分泌会直接导致情绪的兴奋度高,这时,如果孩子在饮食和日常生活上没有养成好的习惯,就有可能因为暂时性的内分泌失调而造成注意力的下降。

我辅导过一个初二的男孩,学习成绩本来一直不错,专注力也比较高。可是有一段时间,他突然变得注意力不集中、上

让孩子为自己而学——激发孩子学习动力的秘诀

176

课走神、做题也经常出错，情绪起伏较大。父母以为他出了什么心理问题，便带他来找我咨询。通过和男孩单独沟通，我并没发现他生活上发生任何显著的变化，同学关系不错，也排除了受视频、游戏和任何网络不良信息的影响。男孩自己也说不出究竟遭遇了什么问题，就是会感到莫名的烦躁。

望着这个身材瘦高有些腼腆，且脸上冒着几颗青春痘的小伙子，我笑着问他："你平时最爱吃的东西是什么？喜欢什么体育活动？"男孩有些不好意思地告诉我，自己有些挑食，不喜欢吃豆腐和青菜，喜欢喝可乐、吃肉和一些油炸类的快餐。而且，他喜欢看书，学习时间一紧，就很少运动。这时我就意识到，这个孩子情绪不稳定、自控力水平下降的问题，很可能和他饮食习惯不良、运动不够导致青春期内分泌失调有关。果然，父母后来因此带他去医院就诊，在医生的指导下服用了一些调整内分泌的药物，调整了饮食和睡眠，还报名参加了篮球训练班。经过一段时间，这个孩子就恢复正常，注意力也集中了，做题马虎的现象也自然缓解了。

培养孩子自控力，绝不是"学会忍耐"那么简单

在我的公众号后台，每天都会收到不少家长们的留言，大部分都是孩子生活中的一些琐事："孩子上课时总是东张西望、做小动作，到底该怎么办呢？""孩子写作业总是抠抠这儿，动动那儿，不能专注怎么办？""说好只看 20 分钟动画片，结果看了半小时，还哭闹着不想关电视，怎么办？"……

其实，仔细看看上面这些问题不难发现，都和孩子的自控能力有关。

很多人都相信，强大的自控力是一个人能否取得成功的关键因素之一。可自控力究竟是什么呢？自控力就是当你面对外界诱惑和自身冲动时，能有意识地去运用一些方法来调控自己情绪和行为的一种能力。这么说可能还些难理解，让我们来看一个有关自控力的著名实验："棉花糖实验"。

20 世纪六七十年代，美国斯坦福大学招募了 600 多个 4 岁的儿童进行了一项有关儿童自控力的研究。每个参与实验的孩了都被带到一个·房间。工作人员会在孩子面前的桌子上放一颗看上去很好吃的棉花糖，然后告诉孩子："如果你能在 15 分钟以内忍住不吃掉这颗棉花糖，你就可以额外再得到一颗。"但最后的实验结果是大多数孩子都受不了诱惑，很快吃掉了糖；最终得到两颗糖的孩子只占了 1/3。而在测试结束的十多年后，经调查，那些能够坚持到最后的孩子比那些很快就吃掉糖的孩子表现出了更加优秀的学业成绩，这个结论一时引起轰动。

培养孩子自控力的两大误区

不少家长在听过上面的实验后会想,培养孩子的自控力是不是就要让孩子学会克制自己的欲望,不能他想要什么就能马上得到? 或者要学会通过努力去争取一个好的奖励呢?

有位爸爸给我留言说:"我儿子平时学习自控力很差,学习成绩也不好。为了培养他的自控力,当他非常想要一套乐高玩具的时候,我没有马上满足他,而是告诉他,必须忍耐一段时间,等到下次考试他努力考到满分,才能够得到这套玩具。"

大家觉得这位爸爸的方法怎么样? 我认为是不好的。这个方法恰恰反映出不少家长在培养孩子自控力时的两大误区:①不切实际的期望;②把自控变成了强迫克制。

1. 在培养孩子自控力时,家长很容易忽略孩子的实际情况,急于求成。

刚刚这位爸爸希望儿子能够通过取得好成绩来换取奖励,但是他却忽略了孩子自身的能力以及要获得这个奖励的周期。你告诉孩子,想要玩具得学会忍耐,要用好成绩来换取。但这个成绩离他目前水平有多远? 具体要怎么努力,用什么样的方法,经过多长时间才能达到? 如果努力后仍达不到该怎么办? 这些都没有人帮孩子进行分析。

况且,在孩子大脑中,负责注意控制、认知抑制等执行功能的前额叶皮质尚未发育成熟。尤其是对于学习成绩暂时落后的孩子,考满分的目标对他来说相距太远。即使他一开始被这个诱惑所激励,但很快就会发现自己根本就做不到! 孩子不但会因此轻易地放弃努力,还会认为"爸爸妈妈只是哄

我,根本不想给我买玩具"。孩子一旦丧失信心,他的自控力就会变得更弱。

科学家还做过另一项关于自控力的研究,参与测试的人员都被要求空腹前往,工作人员分别为他们准备了两盘食物:一盘是好吃但相对不利于健康的巧克力曲奇,另一盘是不太好吃但对健康有利的小萝卜。

参与测试的人员被分为两组,一组被告知可以享用那盘冒着热气、香味十足的巧克力曲奇;而一组则只被允许吃掉小萝卜,至于巧克力曲奇则只许看、不许吃。还好结果令人欣慰,"萝卜组"成员凭借强大的自控力,全部抵制住了来自曲奇的诱惑,只吃了小萝卜。吃完食物后,研究人员把两组测试人员带到另一个房间,让他们尝试解开一道十分复杂的几何难题。

现在你猜猜看,自由享用美味曲奇的人和耐受住曲奇诱惑吃掉萝卜的人,哪一组在后面的解题过程中坚持的时间更长?

你可能会认为,当然是更有自控力的萝卜组啦! 结果却恰恰相反,只被允许吃萝卜的人因为在抵制曲奇诱惑的时候用掉了太多自控力,他们在后面攻克难题时反而显得很无力,坚持的时间还不到曲奇组的一半!

通过这个实验,心理学家发现,人的自控力和肌肉水平一样是有限的,一下子用太多,人就会感到疲倦。这就是为什么很多希望快速减肥的人,通常不但坚持不了多久,反而会吃得更多、反弹更大的原因。高强度的节食和运动消耗的不仅是你的体力,还有你的自控力。你看,成年人尚且如此,对于小孩子来说,过高的目标自然更容易让他们退缩。

2. 自控力不等于要强迫克制。

不少家长对棉花糖实验的另一种误读是:只要不让孩子

马上获得他想要的东西,而是要让他通过克制和忍耐最终获得奖励,就能培养孩子的自控力。

这种理解和实验中的做法有一个重要区别。实验中那些没有马上吃掉棉花糖的孩子,是为了一个更大的目标(得到更多糖),自己选择忍耐不吃。并不是被工作人员强迫,不让他们去吃。而且,棉花糖实验的后续研究者发现,当孩子觉得是"自己在控制这件事情的发展"时,他们主动选择延迟的时间就会更长;相反,当孩子认为是别人在控制事件时,他的延迟时间就会大大缩短。

引导孩子学会自控是通过让他看到未来一个更有吸引力的好处,从而通过自己的权衡和思考,发展出自我控制的能力。这和在父母的强制下进行被动控制的结果是完全不一样的。培养孩子自控力,绝不仅是告诉他要学会忍耐这么简单!

4 个关键点,培养孩子自控力

怎么做才能让孩子发展出主动控制的能力呢? 培养拥有良好自控力的孩子,父母需注意以下 4 个关键点:①合理的目标;②及时有效的反馈;③发展自我控制的策略;④支持和信赖的亲子关系。

1. 要制订合理的目标。

什么样的目标才叫合理呢? 所谓合理就是指这个目标一定要明确、具体,且难度适中,是在孩子现有的能力基础上稍微拔高一点,是让他"跳一跳""坚持一下"就能够达到的,切勿急于求成。

就像刚才那位给我留言的爸爸,他认为儿子学习成绩差、自控力不高。要怎么锻炼他呢? 很简单,就是在孩子现有的基础上,找到他最容易取得进步的地方,让他看到自己有能力

通过努力获得好处。

例如，你通过和孩子一起分析试卷，发现孩子的计算题很容易出错。恰好计算能力相对更容易通过练习来提高，那么最近1个月的目标就可以是提高计算能力。根据孩子的实际水平，可以和孩子一起制订学习计划，比如每天做30道口算题，并且要分析他计算时容易出哪些问题，用什么方法可以去解决等。

你看，所谓合理的目标其实就是给孩子创造一种锻炼的机会，让孩子能清晰地看到：我有能力达到这个目标，我可以实现对自己的期望。那么，之后他再做这些事情时就会愿意发展出更多的努力和坚持，自我效能感会得到提升，自控力自然就也会随之增强。

2. 要给予孩子及时、有效的反馈。

当孩子在坚持训练过程中遇到困难时，要给他鼓励；在取得进步时，要给予他及时、有效的反馈，这样做都可以提高孩子对自身能力的掌控感。父母需要做到以下3点。

（1）父母给予孩子的反馈要及时。经研究发现，人们在完成任务后，如能得到来自他人的即时反馈，比延后反馈所产生的激励效果要大得多。

为什么很多人爱玩电脑游戏呢？因为玩游戏时，每个正向操作，都会紧跟着一个反馈刺激，如掌声、金币、分数增加等，成功通关还会获得晋级。这种反馈往往是即时的、很容易看到。

对自控能力较弱的孩子，他努力学习的行为反映到学习成绩提高上需要很长一段时间，不少孩子可能会因为看不到学习效果而坚持不下去。这就要求父母在孩子尚未养成良好学习习惯之前，对于孩子每次学习行为的效果都给予及时的反馈。要让他知道自己做得怎么样、下一步应该如何做等，使积极的行为能够获得及时强化。

（2）给予孩子具体、有针对性的评价和指导。教育学者约翰·哈蒂在其著作《可见的学习与学习科学》中提到，通过真实的评价让学生能够知道和准确的定义目标，了解成功是什么样的，并且知道接下来应该运用什么策略或做怎样的练习，能缩小他当前水平和目标水平之际的差距。

要想给予孩子真正有效的反馈，家长需要通过具体的观察和分析，找到孩子学习行为中可能影响学习效果的具体因素，进行有针对性的评价和指导。比如，孩子今天作业完成得不错，你要怎么反馈给孩子？通过你的观察，你可以帮孩子回顾一下他在完成作业过程中的有效行为。"宝贝，妈妈发现你今天回家把课堂上学习的内容先复习了一遍，把不熟的定理又加深了印象。果然今天完成作业的效果就出来了，真是个好方法。"于是，孩子就会知道自己今天作业做得好是因为积极复习的结果，以后每次做作业前就都会先复习一遍。

同样，如果孩子今天作业中的错题比较多，你也可以给他这样的反馈："今天做题很快哦，但是妈妈看你做题时有些急，可能没有完全理解题意。来，你再认真读一遍这道题，看看是不是你理解的有误呢？"结果孩子认真读完就发现自己把一个条件落掉了。这时你再和他说："这题你明明会做，却因为没看清题而做错，太可惜了。看来以后做题时不能着急，要多读几遍题，理解好题意再做，效果会更好哦！"这样孩子就会明白，他所谓的做题马虎是因为读题太快，还知道了以后该如何理解题意。如此，直到孩子养成自觉学习和自我反馈的习惯，父母就可以逐渐减少对孩子反馈的次数。

（3）寻找有利资源，引导孩子在坚持中看到力量。前面说到，自控力像肌肉一样是有限的，但也可以和肌肉一样通过刻意训练来增加。父母要为孩子提供正向帮助，引导孩子看到在坚持中如何获得资源和力量。

你想一想，孩子在过去的生活中有没有咬牙坚持克服困难的经历？这些都可以成为孩子再次面对挫折时可以利用的有利资源。比如，一个小男孩在做数学练习时，算了好几遍答案还是错的，气得扔下笔说什么也不想再做下去。父亲就可以运用这种方法来引导儿子："儿子，爸爸看你很努力地练习，却还是出了错，你心里肯定很烦。但是，还记得你刚开始练跆拳道的时候吗？每次都练得浑身酸痛，却好久都没有长进，当时你也哭着说不想练了。可在教练的鼓励下，你居然咬牙坚持下来了，结果1个月之后，你就感觉练习不再那么累了，而且还很享受练习的过程。这是因为你的肌肉通过不断练习而变得更强大、更有力，技巧也增进了。现在你又遇到同样的问题，计算是你的弱项，就像原来你的肌肉一样，没有力量，但是只要找出你最容易出错的原因，坚持攻克它，一周后看看你的计算能力会发生什么变化。"

通过引导孩子回忆和体会他之前遇到困难时咬牙坚持并战胜挫折的经历，迁移到他当下正在经历的困难上，这就是在帮孩子看到自身存在的有力资源（意志品质、战胜困难的能力和曾经坚持并取得胜利的经历），可以有效地激发孩子努力坚持下去的力量。

3. 父母要帮助孩子发展自控的策略。

刚才提到过，帮孩子发展自控力绝不是仅仅让他学会忍耐那么简单，自控力的发展和认知策略是分不开的。所谓认知策略，就是一个人有效地用来监控和调节自己认知过程的一些技能。有意识地对自己的行为进行控制是认知过程中很重要的一个方面。

（1）权衡现在与未来。研究发现，要让孩子切实、具体地理解他将在"未来"获得的好处，并且"现在的我"与"未来的我"重合程度越高，孩子越可能发展出坚持下去的意愿。

比如，有个学提琴的孩子因遇到困难而想要放弃学琴，家长此时如果只是对他说："你只要努力，琴技就会提高。"这个说法太抽象，孩子听不懂。但是你可以让孩子欣赏一下这首曲子的录音，再引导她想象：如果录音中的优美旋律是她自己拉的，那会是种多么美好的感觉。而且，你要告诉孩子，她如果能坚持下来，攻克这个小难关，能力就会提高一些，这样坚持两周，她就可以听到自己拉出优美的旋律了。那时候再回头看现在的努力，是不是会觉得很值得呢？这就是用一个非常具体化的思维（诱人的结果，带入式的想象和具体的时间）来引导孩子在现在的努力和未来的获得之间进行权衡。

（2）事先进行提醒。你知道吗？每个孩子本身都有意愿坚持去做好一件事情。只是孩子大脑中掌管理智思考的那一部分功能还没有发育完全，一遇到让他兴奋的事情，就很容易忘掉自己本该做什么了。

这就需要家长在孩子每次做事之前给他一个提醒，帮助他重新启动理智思考的阀门。比如，对一个在公共场合很容易过度兴奋的小男孩来说，在出门之前你需要问问他："宝贝，今天咱们出去和阿姨吃饭，你要注意些什么呀？"引导孩子自己说出要遵守的规则；或者进一步提醒他："如果你觉得太开心了、有点管不住自己，要怎么做呢？"引导孩子自己去思考，并且要和他讨论可能帮助他增强自控力的办法。

（3）通过游戏带入。关于自控力，科学家还有一个有趣的

发现，就是当人们能够从自己的感受中跳出来，站在第三者的角度去看待正在经历的事情时，往往会更客观、更理性。

这个方法同样适用于小朋友。父母可以找出孩子平时最喜爱或最崇拜的人物，可以是故事里的、动画片里的，或者游戏里的人物。当孩子遇到一些他难以自控的情况时（比如不想写作业的时候），让他扮演一下自己崇拜的人物，假装自己是这个人物的话会怎么做？其实，这就是在启动孩子理智脑的思考，帮助他从自己的欲望中跳出来，用心目中英雄的做法来处理事情，孩子有了内部力量，自控力也就会凸显出来。

我认识一个小男孩，从小就是个"柯南迷"，不但动画片集集不落，还积攒了不少柯南周边的玩偶和文具。每次当他写作业坐不住时，他爸爸就让他想一想：要是柯南在破案的时候会中途放弃吗？不找到答案肯定不会罢休吧？结果，小家伙真的就又专注起来了，抄写和运算也都变得细心许多。

4. 要建立起支持、信赖的亲子关系。

有位妈妈给我发信息抱怨说："我儿子经常故意和我作对，每次他不好好写作业，我一说他，他就会更加乱动，好好写作业的时间连 3 分钟都坚持不了！"

我问她："您是怎么说他的？"这位妈妈立刻给我发来一条视频，打开一看，只见一个小男孩坐在书桌前，果然是一会儿抠橡皮，一会儿摇头晃脑，没见他写过儿个字。视频中一直伴随着责备声，应该就是来自妈妈的。"到底写不写？你看你都磨蹭多长时间了……自控力怎么总这么弱，永远管不住自己！"

听到这位妈妈对儿子学习磨蹭的反应，我大体知道这个小男孩为什么坚持学习的时间会越来越短了。其实小男孩可能并一定是故意要和妈妈作对的，但是妈妈不断地责备他"自控力总这么弱""永远管不住自己",让他产生了一种自我不信任和羞愧感,认定自己就是一个自控力很差的孩子。

有关于自控力的研究发现,一个人的自控力水平和他的情绪状态以及自我评价息息相关。如果一个人认为自己没有能力坚持把一件事做好,或者在没有控制住自己的行为后产生严重的自责心理,他会对自己说:"反正我怎么也控制不了自己,又能怎么办,干脆就放纵一下吧。"那么,他做事的积极性和自控力水平就会更加降低。

因此,当你发现孩子在学习中出现不认真、自控力差等情况时,千万不要过多的责备他。你可以先让自己冷静一些,好好观察一下孩子。你会发现,孩子的注意力保持是有一个高低起伏过程的,相当一部分孩子会在注意力涣散一段时间后(大约3～15分钟),自动调整状态,重新回到学习中。如果发现孩子走神时间过久,你可以走过去,用默默注视的方法,给孩子一个小小的提醒。或者可以用手轻轻拍一拍孩子的肩膀或手臂,温和但严肃地对他说:"宝贝,你现在有些不太认真。来,把笔拿好,加快速度。"

当然,你也可以给孩子做一些具体的示范,让孩子知道什么样的行动才叫做认真。比如,你对他说:"昨天张老师告诉我,你的课堂练习很有进步,专注力一直放在做题上,头一次都没有抬,不但按时完成,还得了满分。咱们看看你能不能像完成昨天的课堂练习一样,又快又好地完成现在的作业。"

重要的是,家长要让孩子从你的语气和行为中感到被信任和支持。要让他知道你和他是站在同一战线上的,并且你相信他有能力做得更好。当孩子内心充满愉快和自我信任,坚持学习的时间自然也会越来越长。

有关"棉花糖实验"的不少后续实验都表明,儿童所处的

家庭环境对他自控力的影响是巨大的。在孩子的成长过程中，如果父母能够认真履行对孩子的承诺，不会因为孩子年龄小而敷衍他，那么孩子心里就是踏实的，会充满安全感。因为他知道，爸爸妈妈是爱他的，并且是说话算数的。那么，他就会比那些缺乏良好亲子关系的孩子更容易发展策略去追求远期目标，并会相信只要通过努力，自己就会获得更多的"糖果"。

怎样帮孩子实现电子产品自我管理

♡～ 孩子玩电子产品的苦恼 ～♡

我家楼下有所学校。一天下午我回家时,刚好赶上学生放学,我听到身后一连串的抱怨声:"你说我妈怎么这么烦人,我考试一考不好,她就说是我玩游戏玩的,学习上有点不会,她也说是我玩游戏玩的,在她眼里,好像什么都是玩游戏的错!"

回头一看,声音来源于一个十一二岁的男孩,他正在和好友愤愤不平地吐槽他妈妈。看来那位没出场的妈妈,与这些年因为孩子玩电子产品而来找我求助的父母们属于同款家长。

曾有位初一孩子的妈妈和我抱怨:"自从我儿子接触了手机游戏,成绩就直线下滑。我跟他说要没收他的手机,什么时候成绩搞上来了再把手机还给他。结果就跟要了他命似的,他居然还威胁我,说要是没收他的手机,他就不去上学了! 我被气得血压都上去了,这可怎么办啊?"

一位爸爸也对孩子玩电子产品表示担忧:"不瞒您说,我和孩子之间简直就像警察和小偷的关系,你看着他的时候他就好像在专心学习,可稍不留神,他就会偷着上网聊天、玩游戏。真要禁止他使用电子产品又不现实,很多老师布置的作业都要在线提交,还不得不使用一些老师推荐的 App 去辅助

学习，这都给了他许多'钻空子'的机会。他现在已经发明出各种瞒天过海的方法和我'打游击'，偷着玩游戏。说实话，我现在连打他都打累了，真是身心俱疲啊！"

谈"怎么办"之前，先问问"为什么"

大部分家长来找我咨询的目的，都是想寻求一些办法帮他们解决孩子身上的问题。例如，"怎么才能提高孩子的学习成绩？""怎么才能不让孩子玩游戏？""孩子写作业太磨蹭，怎么办？"有的家长甚至很干脆地对我说："我没时间听您分析，您就直接告诉我该怎么做就行了。"

这时我常会告诉家长们，如果不能先让自己慢下来，去寻找孩子出现这些所谓"问题"的原因，那么你将无法看到孩子内心真正的需求，只会盲目地通过一些外在手段去控制孩子的行为，那结果必然是失败的。

真正有价值的方法是发掘孩子强大的自我驱动力，让他们自觉自愿地思考和改善自己的行为。这里我们可以运用西蒙·斯涅克总结的苹果公司营销推广模型——著名的"黄金圈法则"思考模式，在面对孩子出现各种让你头痛的行为时，先由内而外地问问"为什么"，然后再来解决怎么办和具体要怎么做的问题。

家长叫以先问问孩子："我注意到你最近特别喜欢玩这个游戏，是什么让它这么吸引你呢？""这个视频看起来很有意思，你最喜欢它什么地方？"

这样做有两个目的。

1. 了解孩子离不开电子产品的真实原因，寻找有效的切入点。

这可以帮助家长去判断孩子对电子产品的依赖程度，以及如何从他的实际需求入手,引导孩子自主管理电子产品的使用。

2. 引导孩子观察内心的真正需求,把自我管理的责任还给他。

电子产品之所以对孩子有强大的吸引力,通常会有以下几种原因。

(1)能享受视、听、操作等全方位的刺激和快感。

(2)能体验完全投入到一件活动中时的那种愉悦感。

(3)电子产品意味着一个可以随时回应自己需求的玩伴。

(4)人际交往的需要,周围的好朋友都在玩,自己不玩就落伍了。

(5)在游戏中能体验到现实中难以获得的成就感和满足感。

(6)电子产品中信息量非常大,总是能发现新鲜有趣的内容。

(7)虚拟世界比现实世界更舒适、开心。

(8)单纯只是为了放松。

孩子需要了解自己使用电子产品的真正目的,才可能激发出他主动去控制和改善自己使用电子产品的行为。

帮孩子实现电子产品自我管理的四步法

一旦了解孩子对电子产品爱不释手的真正需求,家长就可以根据孩子的具体情况,按照下面介绍的四步法,引导他实现对电子产品的自我管理。

第一步,坦然接受,主动交流。

正如前面提到的那位父亲所说的,现在的孩子生长在一个智能化、信息化的时代,无论是学校的教学手段、学习的

工具，还是家校互动，都离不开电子产品的参与，想要把电子产品从孩子生活中彻底抹掉，既不现实也不适宜。与其说要管制孩子玩电子产品的行为，不如主动就这件事和孩子进行沟通。

1. 了解孩子玩电子产品的原因。

刚才我们说到，首先要了解孩子喜爱电子产品背后真正的内心需求。如果孩子玩电子产品，单纯只是为了放松，或是被其中的视听效果及有趣的内容所吸引，那么父母大可不必担心，只需要帮助孩子了解电子产品附加的更多样化的使用方法，激发孩子的好奇心和求知欲就可以了。

如果孩子玩游戏更多是出于社交需要，那家长首先要理解孩子，再进行进一步的沟通："这个游戏是你和小伙伴们都喜欢的，你一定希望自己是得分最高的那个。"（接纳孩子）"能把这个游戏玩到这么高的级别一定需要很高超的技术，你确实很厉害。"（认同孩子）"除了这个游戏，你还有什么地方可以比他们做得更好呢？"（引导孩子发展更多的兴趣爱好）

一旦孩子学会展示自己更多的特长，在人际交往中就会更有自信，他的目光也就一定不会仅仅停留在电子游戏上了。

但是，如果你发现孩子只有在游戏和虚拟世界中才能获得成就感和自信，甚至电子产品已变成孩子逃避现实、给他安慰的一种方式。那么，家长首先需要进行自我检讨，自己是不是给孩子的陪伴太少了，或是和孩子只谈论学习，却忽视了他的心理需要？孩子是不是在学习和生活中遇到了困难，得到的否定太多、肯定太少，以至于严重缺乏自信？

很多时候，我们真正需要解决的并不是孩子的行为本身，而是在他行为背后真实的内心需求。一旦需求被看到，被满足，行为自然会发生改善。

2. 以参与者的身份加入孩子的游戏。

陪伴孩子可以是从陪他玩他最喜爱的游戏开始,让孩子感到你对他的接纳和认同。RAPC 动力模型也显示,改善孩子行为的第一步就是要先和他建立关系。

有的父母可能会说,我不会玩游戏怎么办? 那就更好了,你可以让孩子当老师,教你该怎么玩。当你向孩子求教:"这个游戏好像现在特流行,我们好几个同事都在玩,但我老玩不好,玩这个有什么诀窍吗? 你能教我怎么玩吗?"大多数孩子都会非常乐意来"指导"你。

陪孩子一起去经历和体验他所喜爱的事物,一方面,你会找到和孩子更多的共同话题,更深入地了解他的内心需求;另一方面,当孩子感到你对他的认同时,会更容易放开自己,并愿意更加理性地管理自己的行为。你可以进一步让孩子认识到,电子产品不仅具有娱乐功能,更可以作为工具和媒介了解更广阔的世界,创造出更多有趣的东西。比如,"咱们暑假要去青海旅行了,想不想提前看看青海是什么样子的?"你可以通过一些旅游或地理的 App,调动孩子学习地理、人文知识的兴趣;孩子下周要做一个科学主题的课堂演讲,你可以引导孩子自己制作演讲 PPT,协助他做出风格独特的作品,好在课堂上自信满满地展示自己;也可以找一些有趣又有用的学科App,帮助孩子增强对学习的兴趣。在这个过程中父母一定要注意给孩子更多的陪伴和耐心,不要一味地限制。

第二步,讨论规则,合理设限。

帮孩子实现对电子产品的自我管理,本身也是培养孩子自控力的良好途径。要让孩子知道,电子产品对我们来说很有用,爸爸妈妈也支持你使用电子产品,但是要怎么使用、什么时间使用,需要遵守规则和限制。因为这个规则是全家一

同讨论和制订的,孩子拥有参与感和自主性,会更有意愿去执行。

1. 规定好使用电子产品的时限。

在本书的第三章中,我们已经讨论了要如何教给孩子做时间管理的方法,利用这些方法,父母可以在和孩子一起做时间计划表时,引导孩子思考这些问题:"咱们每周需要多长时间玩游戏或看视频?""一周玩几次? 什么时间玩最好?""时间要怎么安排才能保证你既能有效地完成学习,痛痛快快地玩,还能保证充足的运动和休息?""在规则执行中如何提醒时间? 如果游戏时间超时了,该怎么去处理?"

在和孩子的讨论中,父母要让他感到,你不是要刻意限制他玩,而是把电子产品当成他其中一项休闲和兴趣去支持,孩子就会更积极地参与到讨论中,并且理解限定时间的意义。

2. 对孩子会接触到的内容进行过滤。

在孩子使用电子产品的过程中,父母还需要对孩子观看的视频和所玩游戏的类别与内容进行筛选和管理。对于 12 岁以下的孩子,建议应做到以下 3 项。

(1)孩子使用平板电脑时,需要父母在场。父母可以为家里的平板电脑设定数字或指纹密码锁定,孩子使用前需请家长帮忙解锁。

(2)事先和孩子约定好他可以使用的 App 范围。在这个基础上,你可以让孩子自己选择他喜欢的 App,并且问问他:"你为什么喜欢这款游戏,它能为你带来什么?"这样做既能过滤掉不适合孩子的内容,又给予了孩子选择的权力。

(3)尽量避免孩子玩网络游戏。除非有合理的理由,应尽量不让孩子玩网络游戏,以免上瘾,直到确保孩子已养成良好的自我管理习惯。

（4）设置家庭"无电子产品"时间和地点。如果家庭规则只是用来约束孩子，孩子就会感到不公平，难以坚持执行。为了确保孩子拥有健康的身体、良好的睡眠环境并增加亲子沟通时间，建议每个家庭要设置全家都要遵守的"无电子产品"的时间和地点。

比如，"无电子产品"时间：①用餐时间（全家面对面交流的时段）；②睡前 30 分钟（保证睡前不让感官受到过强刺激，把电子产品换成睡前故事或亲子恳谈）。无电子产品地点：①卫生间（保持良好的卫生习惯）；②卧室（卧室是用来休息的地方，电子产品最好在客厅或书房使用）。在这个过程中，家长要和孩子一起严格地遵守家庭规则，这样孩子的抵触情绪才更容易化解，家长榜样作用本身也会为孩子营造出一个健康愉快的成长环境。

第三步，建立信任，坚持规则。

说到这儿，有家长忍不住问："要是孩子不遵守规则怎么办？""如果孩子还是偷着玩游戏怎么办？""制订了规则孩子却做不到，这个规则是不是就失去了意义？"

规则并不是用来制约孩子的工具，而是让孩子在规则的制订、执行、评估和调整的这一系列过程中，逐渐建立起解决问题、控制情绪和自我管理的能力。在规则制订之初，孩子会出现不遵守规则的行为是再正常不过的。他们并非不想遵守规则，而是在还没有养成良好习惯之前，暂时缺乏对自己情绪和行为的控制能力。

一位妈妈和我分享了她和儿子之间的故事："我和孩子制订的规则是上学日不能玩游戏，周末和节假日每天可以玩半小时平板电脑。这个时间是经过我们讨论后决定的，孩子自己也很认可。可那天我上班时忘记把平板电脑带走，回家后

就发现孩子在玩平板电脑,作业一个字也没写。当时我就在想,自己以后是不是再也没办法相信这孩子了。"

如果妈妈此时对孩子说:"咱们在规则上是怎么写的,你忘了吗？你这孩子自控力怎么这么差？说话不算数,以后叫我还怎么相信你？"那么这个规则可能就真的很难执行下去了。因为家长的反馈让孩子感到自己不仅自控力差,还是个不值得被信任的人。孩子很可能会下意识的自暴自弃,并会反抗这个规则。

但是,这位妈妈在冷静下来后,决定还是要给予孩子理解和信任,她对孩子说:"咱们约定好平时不能玩平板电脑,周末才能玩,妈妈相信你没有忘记这个规则,也希望自己能很好地执行。只是当你看见平板电脑时,有些控制不住自己,是吗？"看到孩子知道错了,妈妈就开始和他聊执行规则的问题了:"当时在咱们的规则里,如果出现违约的情况要怎么处理？"儿子无奈的回答:"1个月不能玩游戏。"妈妈点点头,说:"好,我相信你会履行自己的承诺。"

结果这位妈妈真的在这1个月内严格监督孩子履行他的违约惩罚。孩子当然会反抗啦,可无论他如何苦苦哀求,甚至生气、发脾气,妈妈都没有发火训斥或心软顺从,只是咬着牙坚持帮儿子遵守这个规定。同时,妈妈也想了很多办法,比如陪孩子做有趣的解谜游戏和体育运动,以弥补他暂时被禁玩游戏的缺憾。孩子也慢慢平静下来,履行他的承诺,真的坚持了整整1个月没玩游戏。在妈妈宣布他游戏"禁令"解除的那天,也赞赏了他努力克制欲望、坚持履行承诺的行为。孩子当时特别开心。

这就让孩子知道,既然我们订立了规则,违规就要接受违规的后果。妈妈相信你,当你真正跨过自己心里这道坎儿,把规则坚持执行下去,等你下次可以玩游戏时一定会玩得更轻松、更开心,因为你真的控制住了自己!

当然,父母还可以和孩子共同修改或完善他的"电子产品管理规则"。比如,你可以问他:"你在玩游戏的时候怎么能保证自己不超时?"或者"你平时特别想玩游戏时,有没有什么好方法可以控制自己?"

时间一长,在你的信任和坚持下,孩子会慢慢理解规则、内化规则,并会知道做任何事的界限是什么,同时也会发展出更多的自我控制和管理的方法。

第四步,发展兴趣,增加陪伴。

2017年中央电视台《中国诗词大会》总冠军武亦姝,在2019年的高考中以613分的成绩被清华大学录取,这个一身书香气的女孩再次成为家长们瞩目的焦点。接着,一篇名为《你只看到武亦姝被清华高分录取,没看到人家爸爸4:30关手机》的文章被刷屏了,使这个姑娘的父亲也进入了人们的视野。

武亦姝的父亲是一位律师。他有一个连续多年一直遵守的、在其他家长眼中近乎苛刻的自我要求,就是每天下午4点半后便不再使用手机,专注给予家中两个孩子以高质量的陪伴。

当然,这并不是要求每位家长都应该每天下午四点半就关闭手机,家长们的工作时间、生活条件和家庭环境都不同,我们既不能够要求每个孩子都成为武亦姝,更不能苛求每位家长在家都不能使用手机。重要的是,家长需要重视给予孩子足够的、高质量的陪伴。

有不少父母都告诉我:"我每周都会花很多时间陪孩子,要接送孩子去课外班、陪伴孩子学习和写作业,这已经占据了我很多时间。"这里所说的陪伴,不单指家长陪伴孩子学习,或

把孩子送到课外班交给老师,然后自己在外面一边玩手机一边等孩子下课,而是重在陪伴孩子发展兴趣、建立亲子联结的过程。在这个过程中,你要一心一意地和孩子沟通,陪孩子一起做运动,比如跑步、打篮球、羽毛球或者游泳,增加全家外出踏青、旅行和参观博物馆等的活动次数。对于实在时间有限的家长,和孩子进行每日亲子阅读也是非常有益的陪伴方式。

研究发现,有丰富兴趣爱好和来自父母高质量陪伴的孩子,很少会沉迷于电子游戏之中。

不容易沉迷于电子产品的孩子,通常有以下重要特征。

1. 身体健康,精神状态佳,睡眠充沛。

2. 对学习有自信,在学习上有获得感。

3. 亲子关系良好,孩子愿意和你沟通,有足够的安全感。

4. 有多个关系不错的好朋友。

5. 有自己的兴趣爱好(除电子游戏外)和特长。

6. 做事有追求、有目标。

7. 可以使用多种电子媒介,并在使用过程中,获得收获。

【儿童电子产品使用小贴士】

0～1.5岁

◆ 避免让孩子接触电视等电子产品。

◆ 与亲属进行短时间(不超过10分钟)视频互动除外。

1.5～2岁

◆ 可以短时间地使用电子产品(一天不超过半小时)。

◆ 父母需陪同孩子一起使用。

◆ 为孩子选择适合年龄的游戏。

◆ 把电子产品作为亲子玩耍和交流的工具之一。

◆ 避免孩子独自使用电子产品。

2～5岁

◆ 每天观看视频不超过1个小时。

◆ 确保电子产品内容适合孩子。

◆ 避免孩子独自使用电子产品。

◆ 使用电子产品时,要保证孩子的眼睛与屏幕保持合适的距离。

◆ 和孩子讨论视频或游戏内容,把孩子学到的东西和现实联系起来。

◆ 不要让孩子连续玩游戏或看视频,每连续使用15分钟后,应做一些其他活动。

◆ 不建议使用电子产品场合:吃饭、睡前1小时、亲子游戏时间。

5～9岁

◆ 和孩子一同讨论和制订电子产品使用规则。

◆ 和孩子共同选择适合他的 App。

◆ 孩子使用电子产品时家长应尽量在场。

9～12岁

◆ 让孩子自己制订电子产品使用计划,思考时间分配和内容选择,父母可引导和监督。

◆ 和孩子讨论可以用电子产品做什么、网络世界的风险及其责任,理解一些网上的行为会影响到他人的生活,学会保护自己和尊重他人的隐私,防范孩子通过网络被欺凌或欺凌他人。

◆ 在家里设几个无电子设备区和禁止使用电子产品的时间,比如在孩子的房间完全不能使用电子产品,睡前1小时和吃饭时禁止使用电子设备等。

12岁以上

◆ 孩子可以拥有自己的智能手机,但是要自己制订相应的智能手机使用规则,家长予以监督。

◆ 父母需要定时检查孩子的使用记录并规定使用时间。

第六节

从趣味到习惯，让孩子爱上阅读

从"皮猴子"到"小书虫"

娅娅是一位朋友的女儿，性格活跃、能说好动。她妈妈第一次带她到我家时她只有 2 岁多，小家伙在沙发上不停地爬上爬下，几乎没有坐下来过，精力十分旺盛。朋友半开玩笑半发愁地对我说："完了，娅娅将来上学也一定是个坐不住的皮猴子，我得做好今后天天被老师'请家长'的心理准备了。"

一晃几年过去，再次见到娅娅，她已经是个 9 岁的小学生了。我们几位朋友带着各自的孩子到一家饭店聚餐，大家落座、菜还没有上来时，娅娅便从随身携带的小背包里掏出一本《希利尔讲世界史》，津津有味地读了起来。无论周围怎样的吵闹，似乎都干扰不了她，与在一旁吵着向妈妈讨要手机玩游戏的其他两个孩子形成了鲜明对比。

看到女儿读书时专注的样子，娅娅妈妈有些欣慰地告诉大家，自从娅娅爱上了读书，阅读量越来越大，语言表达能力也提高了。今年暑假去西安旅行后，还自己写了篇幻想日记，讲述她穿越回唐朝和皇帝对话。日记中的很多历史知识都是她从课外书中学到的，语言描写得也十分生动有趣。开学后，日记还被老师当作范文在全班朗读，这更加激发了娅娅读书和写作的热情。大家都很好奇娅娅妈妈究竟是用了什么方法，让娅娅从一个上蹿下跳的"皮猴子"变成了痴迷阅读的"小淑女"呢?

培养孩子阅读习惯的常见误区

　　培养孩子良好的阅读习惯,让孩子爱上读书,是大部分父母的心愿。不少爸爸妈妈花钱给孩子买了大量的书籍,甚至还把孩子送去了阅读、写作课外班,但孩子却只是对硬性的阅读作业草草应付了事,让他多读一点都不愿意。为什么父母们的努力最后都打了水漂? 其实,孩子之所以不愿意读书,很可能是因为父母存在下面这些问题。

　　1. 父母自身缺乏阅读习惯。

　　有位妈妈向我抱怨三年级的儿子除了搞笑漫画,什么书都不爱读。我问她:"你自己平时喜欢看什么类型的书呢?"

　　这位妈妈连连叹气说:"我哪有时间读书啊,每天工作累死累活,回家还要陪孩子写作业,好不容易等他睡着了,我就已经累得什么也看不进去了,也就躺在床上刷个朋友圈、看个视频就睡觉了。"

　　由此,我大概了解到这个小男孩不爱读书的原因了。社会认知理论指出,儿童在成长过程中会不断地通过观察他人来进行学习,生活中那些令孩子感到有威望和亲近的人,例如父母、老师、兄弟姐妹等,都可能成为孩子模仿的榜样。

　　在一个家庭中,如果爸爸妈妈本身就不爱读书,是很难培养出热爱阅读的孩子的。孩子会想:"你们自己都不爱看书,说明看书一定没什么意思,为什么还要让我看呢?"正所谓"身教重于言传"。所以,父母不妨先把目光从孩子身上移开,从阅读自己喜爱的书开始,每天留出专门的时间去读书,哪怕一开始时间不是很长,半小时或 1 小时都可以,给孩子做出一个好的阅读榜样。当孩子发现你总在津津有味地阅读,还会时

不时地露出会心一笑，他就会被吸引，产生模仿的欲望，渴望也尝尝书的"味道"。

2. 把陪伴阅读变成了监督阅读。

有些家长会给孩子规定专门的"阅读时间"，并会坐在孩子旁边监督，要求他一次必须读多少页的内容，认为自己这就是在陪伴孩子阅读。

这样"陪读"的效果通常都不会理想。想想看，生活中往往做怎样的事情是需要被监督的？通常都是那些你不情愿做的事，对不对？对孩子来说也是一样的。一旦读书变成了一件需要被监督的事，孩子就会形成一种潜意识——读书是我不喜欢做的事，我是被强迫的。这时，即使这本书再有趣，也会引发孩子本能的排斥。他很可能会在写作业时消极怠工，以挤掉读书的时间，一旦离开你的监督，他就会对书连碰都不想碰一下。

还有的家长在陪孩子读书时会心不在焉，即使嘴上在给孩子讲故事，心里却惦记着手机里的信息，逮到一点空隙，就把书往孩子手里一塞，抓紧时间刷下手机。到头来，无论是家长还是孩子，都会对读书感到索然无味。陪伴阅读不再甜蜜、快乐，而变成了一种需要应付的差事，自然也就失去了存在的价值。

真正的陪伴阅读，是父母和孩子一起挑书、共同读书，一起就一本书的内容进行讨论和沟通的一系列过程，亲子双方都应该深深地投入其中并怡然自得。

3. 读书的功利性太强。

"你要仔细读这本书，看完要写读后感的。"妈妈的话音刚落，刚才还在津津有味阅读的孩子就把书往桌上一推说道："这本书一点都不好看。"

"宝贝，妈妈给你买了几本《优秀作文选》，周末好好学习一下，摘些好词、好句，可以提高你的作文成绩。"于是，在孩子心中愉快的周末阅读立刻被蒙上了一层阴影。

阅读的真正价值是什么？有的家长会抢着回答："可以培养孩子的语言表达能力、理解力和写作能力，学习更多的知识，提升学习成绩。"

没错，阅读确实可以带来这些效果，但这只是孩子爱上读书后的一些"副产品"。家长们首先要让孩子知道，读书会给他带来快乐，会让他看到更广阔、色彩斑斓的世界，带给他更有趣的想法。阅读是一件幸福、甜蜜的事情。如果给阅读的后面附加太多的"功用"，反而会使阅读失去了它本身的意义，沦为了一种"工具"，也会导致孩子难以真正爱上阅读。

当然，这并不是说孩子不能写读后感，不能读作文书，不能摘抄好词、好句，不能参加阅读比赛。关键要看这些活动是孩子在形成阅读兴趣后，在家长引导下自发进行的愉快行为，还是在家长的强迫下进行的任务。那么，怎么才能让孩子真正爱上阅读呢？

培养孩子爱上阅读的 4 个阶段

1. 趣味阶段：打造愉快对阅读环境。

培养阅读兴趣并不是把一本书塞到孩子的手里，然后向他描述读书有多么美好就能够养成的。儿童对事物的理解都是通过感知获得的，所以，让孩子爱上阅读的第一步，就是为她打造一个愉快的阅读环境，让他能亲身体验到读书是甜蜜的。

（1）父母可以常带孩子去书店。娅娅 5 岁前也不喜欢看书。即使是那些色彩丰富的绘本，她也只是在妈妈刚买来

的时候,凭着兴奋劲儿随便翻两下。那时,绘本对娅娅的吸引力远远没有动画片来得大,再加上她非常好动,很难能坐下来安静地看书,于是她会很快冷落绘本,转而去做她更感兴趣的事情。

但是妈妈并没有灰心。她发现娅娅虽然好动,但却非常喜欢听故事。每晚入睡前,只要爸爸或妈妈一开始讲故事,娅娅就会立刻安静下来。有时讲完一个,她还会央求妈妈再讲一个。如果遇到她特别喜欢的故事,就算重复听上好多遍,娅娅依旧会兴致盎然。

于是,妈妈问娅娅:"我知道个地方,那里总是有好听的故事,比妈妈讲得好多了,你愿不愿意去看看?"娅娅一听,拼命地点头,故事谁不愿意听? 于是妈妈带娅娅来到了一家设有儿童区域的书店,那里有琳琅满目的儿童书籍,装饰风格也充满童趣、色彩丰富,还会定期举办一些例如儿童故事会等活动。娅娅在这里不但能听故事,还能和小朋友一起争抢着回答老师提出的问题,于是开心地玩了一个下午。活动结束后妈妈问娅娅:"以后咱们常来这里玩,好不好?"娅娅愉快地答应了。

从此,娅娅成为了书店的常客,在没有讲故事活动的时候,娅娅看到周围的小朋友都在饶有兴趣地翻着他们喜爱的书籍、绘本,受到影响,娅娅也开始试着翻起书来。一开始她只是装模作样地随便翻翻,可时间长了,她就慢慢被一些有趣的绘本吸引,有时还会读得津津有味。

妈妈很尊重娅娅的选择,一开始,娅娅在书店待不到5分钟就会闹着要去游乐场玩,妈妈也不拒绝,会愉快地带着她离开。这就是要告诉娅娅:你的读书时间你做主。慢慢随着娅娅逐渐被一些绘本所吸引,她待在书店的时间也变得越来越长,后来,不满6岁的她就能在书店看将近1个小时的书。

（2）父母要为孩子设置她的专属书架来存放图书。娅娅不到2岁的时候，妈妈就在自己书架的最底层为她留出了专属"地盘"，专门用来放置娅娅自己的纸板书、立体书和绘本。这个高度很适合于喜欢满地爬的娅娅，她可以随时拿到自己想看的书。

自从娅娅经常去书店以后，有一天，妈妈问娅娅："爸爸妈妈都有自己的书柜，你想不想也有个自己专属的书柜呢？""真的吗？"娅娅开心地跳起来。于是，妈妈带着娅娅到家具店一起挑了一个儿童用小书架，放在她卧室的一角。书架不大，即使最高的一层，娅娅搬个小椅子就能轻易拿到书。自从娅娅有了自己的书架，她感觉自己有了更多的掌控感，对读书的兴趣也更浓了。

（3）家庭阅读时间，父母身体力行的兴趣影响。每天晚上娅娅家都有固定的家庭阅读时间。爸爸妈妈和娅娅约定："这个时间我们不讲故事，因为爸爸妈妈也有自己想要读的书，也需要一个安静的读书时间。等爸爸妈妈读完书，你也洗漱完毕后，我们就可以一起读睡前故事了。"在家庭读书时间中，娅娅可以自己玩玩具，当然也可以找她喜欢的书来读。唯一的要求就是不能看视频或发出声音，那样会影响大家读书。一开始，爸妈读书的时候，娅娅会闲不住，一会儿玩积木，一会儿画几笔画，慢慢地她就开始模仿起父母的行为，跑到自己的小书架上选几本书，有模有样地读起来。时间一长，娅娅真的养成了习惯，家庭阅读时间一到，她都会直接跑到自己的小书架旁挑选喜欢的书籍。

（4）要坚持符合孩子发展特点的亲子阅读时光。有些家长问我："亲子阅读应该坚持到孩子几岁呢？如果孩子已经可

以独立阅读并且养成了阅读习惯,还需要亲子阅读吗?"

其实,只要孩子喜欢并且享受这份亲子阅读时光,即使孩子已经超过了 10 岁,完全可以独立阅读,这份亲子阅读的时光对孩子依旧是有益并且必要的。亲子阅读不但可以加深亲子关系的联结,而且通过亲子之间的交流,可以启发孩子从不同的角度去思考和体验书中的内容,能大大提升孩子的独立思考和分析问题的能力。

2. 启蒙阶段:启发阅读,从兴趣和熟悉入手。

让孩子爱上阅读,兴趣是关键。要从孩子的兴趣和日常生活入手,才能让孩子理解阅读的真正意义。

在一部热映的影片《海蒂和爷爷》中,小孤女海蒂被姨妈连哄带骗地从爷爷身边带离,去做德国富家小姐克拉拉的陪读。海蒂一直思念生活在阿尔卑斯山里的爷爷和小伙伴皮特,也很怀念在山上自由自在的生活。再加上女管家尖酸刻薄的嘲笑,小海蒂对读书丝毫提不起兴趣,认为自己"不需要读书"。即使学习了很长时间,小海蒂仍连基本的字母都认不全,以至于被家庭教师怀疑"智力有问题"。

然而,克拉拉善解人意的奶奶看到了海蒂的内心世界。她给海蒂读书,讲在雪山上丢小羊的故事。这一下子就勾起了海蒂对阿尔卑斯山、爷爷和皮特的回忆,听得入迷。但是,故事讲到一半奶奶却停了下来。海蒂急切地想知道丢失的小羊后来怎样了?因为她和小伙伴皮特在山上放羊时也曾丢失过小羊。奶奶告诉海蒂:"如果你会读书,就可以自己来寻找故事的答案了。"说完,她把书放到海蒂手里转身离开了。从此,海蒂不再认为读书没有用,会阅读,就可以自己去发现答案,就可以永远记住大山、爷爷和皮特。从此,海蒂依靠自己的力量试着去读书,阅读能力突飞猛进,没多久,她就能独立阅读自己喜欢的故事了。

奶奶在引导海蒂读书时做了些什么呢？她没有用简单的说教甚至强迫的方法让海蒂读书，而是从兴趣入手启动了海蒂内在的驱动力，让她亲身去体验阅读的意义。娅娅妈妈在启发女儿阅读兴趣时也是这么做的。娅娅小时候有一段时间，突然特别喜欢与"屎、尿、屁"有关的话题，和小伙伴一起玩时，大家一说到"臭大便"就会开心地笑到前仰后合。妈妈知道这是孩子自我意识的发展和对身体探索的好奇引发的正常现象。她决定以这个为契机，通过亲子阅读引导娅娅顺利度过这个阶段。于是，妈妈给娅娅买来了像《便便工厂》《每个人都"噗"》这样的儿童科普绘本，这种图文并茂又轻松有趣的绘本，不但满足了娅娅的好奇心，还让她学到了很多她天天挂在嘴边与"屎、尿、屁"相关的健康知识。

娅娅长大一些后又迷上了小动物，尤其喜欢小狗。于是，娅娅的书架上便多了《大红狗克里弗》系列绘本。娅娅说她以后的理想是成为一名"动物园园长"，于是妈妈就为她买了《动物家园》来帮助娅娅了解世界各地的动物知识，这不但扩展了她的视野，也增加了她对地理知识的好奇。就这样，娅娅读的书越来越多，积累的知识也越来越丰富，到了小学一年级，娅娅已经变成了一个彻头彻尾的"小书虫"。

3. 习惯阶段：让阅读成为孩子处理问题和宣泄情感的途径。

当娅娅建立了对阅读的兴趣后，妈妈开始有意识地引导娅娅通过读书来思考和调整生活中遇到的各种问题和情绪感受。这既为娅娅找到了一个有效的发泄途径，同时，妈妈还借助书籍和娅娅讨论问题的解决方案，也提升了她解决问题的策略和能力。

娅娅刚上小学时,学习习惯没有完全建立,注意力不太集中,写作业时总想着玩,以致作业总拖拖拉拉地做到很晚。妈妈问娅娅:"你写作业时感到开心吗?"娅娅摇摇头:"不开心,作业好多,时间过了好久还是写不完。"妈妈又问:"那玩的时候呢?"娅娅撅起小嘴:"玩的时候总觉得时间过得好快,还没玩够就要结束了。"

于是,妈妈和娅娅一起读了一本很有趣的书:《毛毛——时间窃贼和一个小女孩不可思议的故事》。让娅娅和书中的小主人公一起体会不能让时间被"盗贼偷走",要认真做好每一件事,学习的时候要专心学,玩的时候才能真正的开心。

后来,当娅娅在学校和好朋友闹了别扭、被老师批评,弹钢琴遇到困难而坐在琴凳上哭,事后她都会主动去寻找相关的书籍,从书中去发现问题的答案。渐渐地,她把书籍当成了自己最好的知心伙伴之一。在阅读中既找到了发泄情绪的窗口,还学会了不少解决问题的好方法。

4. 升华阶段:游戏法,提升孩子阅读理解力。

当孩子养成了良好的阅读习惯,下一步就是如何提升他阅读的品味,并加深对阅读的理解力。通过一些有趣的家庭游戏去引导孩子会是个不错的选择。

(1)家庭绘本故事情景剧。娅娅小的时候,有段时间特别喜欢 本名叫《鸭了骑车记》的绘本,连着好几天晚上都吵着要妈妈给她读这个故事。妈妈猜测这是因为故事各种各样的动物吸引了她的注意。鸭子骑车路过它们时,每个动物都会用自己独特的叫声来和鸭子打招呼。这使娅娅的兴奋度达到顶峰,她很喜欢模仿各种动物的叫声来演绎这段打招呼的情景。妈妈看娅娅这么喜欢这本绘本,就向娅娅建议:"咱们全家一起,把这个绘本表演出来好不好?"娅娅一听,立刻开心地答应了。

后来,全家共同演绎的情景剧成为了爸爸妈妈陪伴娅娅的一个保留节目。这个能调动孩子视觉、听觉、动觉等多感觉通道共同参与的游戏,不但能帮助娅娅更好地理解和记忆书中的故事情节,学习到更多的知识,还锻炼了她的综合表现力。随着情景剧的表演,也带动娅娅对书中故事的深入思考,她开始不再满足于照着故事书去表演。在妈妈的鼓励下,她甚至开始凭着想象力和对故事人物内心世界的理解,自己设计剧本去表演。娅娅上学后,由她设计剧本并导演的情景剧还在学校艺术节中获得了一等奖。

(2)召开故事主角的"记者招待会"。除了情景剧,故事主角的"记者招待会"也是娅娅很喜欢的一种和阅读有关的亲子游戏。在这个游戏中,每次会邀请一个书中的主角站在"台上"来回答"记者们"提出的问题。故事主角由家庭成员轮流当,不当主角的成员就承担记者的角色,每个人都要准备 3 ~ 5 个问题向故事主角提问。比如,"记者"会问"灰先生"(《毛毛——时间窃贼和一个小女孩不可思议的故事》中的反派角色):"请问灰先生,你收集了这么多人的时间用来做什么?""你打算怎么从我这里拿到你想要的时间呢?"台上的"主角"则需要根据他所理解的故事内容和主角思想来回答这个问题。在这个过程中,作为故事"主角",孩子需要通过深入阅读和思考,理解和总结书中的主题和人物特征才能很好地回答问题;而作为"记者",孩子也需要通过对故事的理解和想象,才能提出有价值的问题。这种方式不仅能增加孩子主动阅读、主动思考的能动性,孩子的阅读理解能力也会不断提升。除故事书外,对于孩子喜欢阅读的科普类书籍也可以运用这种方式。

（3）家庭好书推介会。对于小学生，尤其是进入小学中年级、已经养成一定阅读习惯的孩子，家长也可以用"家庭好书推介会"的方式引导孩子提升阅读品味和理解力。家长需要和孩子商量好，举办家庭好书推介会的频率。在这个推介会上，家庭中的所有成员都可以扮作不同的书商或出版社员工，向其他成员推介一到两本自己认为非常不错并且有卖点的图书。

推介人员可以用各种方式，包括为这本书写一段精彩的广告词，摘抄几段书中非常有亮点的词句，或谈一谈这本书会带给人们怎样的启发和帮助等，来推荐自己认为好的图书，同时还要接受和回答来自其他成员的提问。这种方式可以带动孩子主动去发现、记录和学习图书中的精彩之处，同时又能够激发孩子的创造性思维，使孩子的阅读能力更上一个台阶。

第五章

成就天性，培养孩子的学习能力

针对不同的学习风格,引导孩子的学习兴趣

两个风格迥异的孩子

10岁的沐沐是我辅导过的一个小姑娘,她性格内向,一双大眼睛看人时总是十分专注,无论问她什么,她都会一下子先红了脸,经过思考后再慢条斯理地回答,回答也都很简短,总是别人问一句,她才答一句。

和女儿性格相反,沐沐的妈妈则是快人快语。一张嘴便会喋喋不休地谈论对女儿学习状况的担忧。总结起来就以下几点:上课经常走神、写作业慢,语文不错,尤其作文写得好,在区里也获过奖。但数学和英语的成绩很差,即使给她报了不少提升数学和英语能力的课外班,却仍没有明显效果。

嘉豪是沐沐的同班同学,一个经常被老师点名批评的"问题少年"。他上课时,不是摆弄各种东西就是和同学说话、按老师的下茬;上学也不喜欢走正门,几次翻墙被老师逮到,身上还背着一次记过处分。按老师和家长的表述,除了玩电脑,他就没有坐得住的时候,从没见他踏实读过10分钟书。但大家也一致认为,嘉豪很聪明,东西一学就会,考试时却经常因为马虎、不认真,犯一些很离奇的错误。

估计不少老师和家长都可以从沐沐和嘉豪的问题中找到共鸣。这些问题在当今孩子们的身上实在太普遍了。很多家长都希望能找到一种立竿见影的方法，能够帮助孩子无论从学习还是行为上，都可以实现快速逆转。

因为图"快"，我们在教育中很容易陷入一种误区，就是往往太关心孩子的学习结果和外显行为，却经常忽略这些行为的背后所隐藏的、本来最应引发我们思考的问题——究竟是什么导致孩子注意力难以集中？他们在做什么事时专注力最强、效率最高？孩子为什么背语文课文很快，但对于英语听力却显得吃力许多？是什么导致了孩子所谓的马虎，仅仅是做题不认真那么简单吗？

就像沐沐和嘉豪，他们有着截然迥异的性格和学习风格，如果用同一种方式来引导他们学习，可能很难发现他们各自的学习能力和接受知识信息的方法，自然难以更好地激发他们的学习潜能。那么，孩子到底有几种不同类型的学习风格，我们又该如何针对孩子们不同风格的学习方式和性格特点，培养他们养成良好的学习习惯呢？

3 种不同类型的学习风格

美国心理学家理查·班德勒等结合人的暗示心理学和暗示习得理论，将学习风格分为视觉刺激偏好、听觉刺激偏好和动觉刺激偏好。后来的研究者们又根据他们的理论，总结出人们在学习新的知识和技能时，最常用的 3 种不同类型的学习风格：视觉学习偏好、听觉学习偏好和动觉学习偏好，这反映着人们通常最习惯于优先选择哪种感官渠道来接受信息。

当然很少有人会仅采取一种方式去学习，大部分时候，我们的大脑会根据外界信息的刺激而自动在这 3 种方式之间转换。然而，每个人还是会无意识地选择一个优先使用的渠道来获取信息，在没有外界引导和刻意练习的情况下，人们只有

通过这种优先的渠道才能更加舒适、放松并且高效地学习。

对孩子们来说,这 3 种不同渠道的学习风格从他们出生就在潜移默化地影响着他们。通过听觉获取音频信息,再经由模仿逐渐发展出语言的功能;通过视觉获取图像,观察和辨认字体,再动手练习绘画、写字;通过运动感知周围的世界,发展肢体协调配合,并逐渐获得与书写、读、算等学习相关的能力。

由于遗传及不同环境因素的刺激,决定了这 3 种学习渠道中的某一类或某两类在孩子发育过程当中得以优先发展,而其他类型的学习渠道则发展相对迟缓,呈现出一种正常范围内的发展不平衡性,这就是视觉学习型、听觉学习型、动感觉学习型孩子的由来。下面,我会向大家详细介绍这 3 种不同学习风格的孩子的主要特点,以及家长在引导他们学习时应采用哪种方法,以做到因材施教,从而更有效地激发孩子的学习潜能。

1. 视觉学习型:此学习类型的孩子,学习和性格特征有以下几点。

◆ 喜欢通过阅读、浏览文字或图像资料来获取信息。

◆ 更容易记住文字或图像信息。

◆ 喜欢看说明书、思维图和地图。

◆ 对色彩鲜明、线条漂亮的图像、表格和事物十分敏感。

◆ 通过反复书写或画图辅助记忆。

◆ 在学习时喜爱思考、理解和分析事物的意义。

◆ 视觉思维比较突出且听觉思维较弱的孩子,性格相对安静、内向,非常有自己的想法,却不轻易表达。他们的观察力十分敏锐,在学习和交流的时候喜欢用眼睛专注地看着学习材料或者沟通对象。

前面案例中的女孩沐沐就是一个典型的视觉学习型孩子。妈妈说沐沐最喜欢的事就是一个人安静地看故事书，虽然只有小学五年级，她已经通读过《西游记》《三国演义》《呼啸山庄》等多部中外长篇名著，并且能熟背上百首古诗词，所写的作文也在学校比赛中多次获奖。但是，由于没养成良好的听课习惯，一旦遇到老师在课堂上板书不全、讲课速度快的情况，沐沐就会觉得"跟不上"，继而开始走神，因此很容易落下功课。并且，对于需要大量听说练习的英语，不爱表达的沐沐掌握起来自然也比同龄的孩子要慢得多。

我问沐沐妈妈："孩子在什么时候成绩提高得比较快？"

沐沐妈妈回答："说来也奇怪，沐沐去年因为脚踝骨折在家休养了近两个月，我只好让她在家自己看书，然后每天把她不懂的地方给她讲，再出题考她。结果，这孩子虽然一天课没上，但返校进行期末考试，成绩反而提高了十多名！"

这个结果其实并不稀奇，沐沐在生病修养的这两个月内，虽然缺失了课堂上老师的讲解，却一直在使用她最为擅长的学习方式——阅读来获取知识信息，再配合及时的练习，她对学习材料的掌握也获得了巩固。

那么，应该如何引导像沐沐这样的视觉型孩子进行学习呢？

（1）预习：不少视觉学习比较突出而听觉学习相对弱的孩子，因为对听觉材料的思考比较慢，因而在课堂上很容易显得"慢半拍"。为了提升这种类型孩子的听课效率，父母需要引导孩子养成预习的习惯。

小学中、低年级孩子的功课不难，预习不需要占用太多时间，只需要每天拿出 5 ～ 10 分钟时间，让孩子自己用阅读的方式，把第 2 天要学习的知识浏览一遍。形成对新知识印象

的同时,检查一下要学的新知识是否会用到之前学过的知识,并且顺便帮孩子复习了一下。孩子对课堂上学习的东西有了信心,第 2 天听讲就会更专注,掌握起来也会更快。

对于小学高年级和初中的学生,父母还要鼓励他们做预习笔记,笔记不用太复杂,只需包含以下问题:"这一章要学习什么问题?""会用到哪些知识点?""你觉得这一章的难点是什么?""你打算用什么方式去解决?"通过预习,孩子可以养成用视觉优势带动听觉的习惯,他们一旦在课堂听讲上获得自信,学习潜力就会慢慢凸显出来。

(2)给孩子观察和适应的时间。视觉学习型的孩子做事比较谨慎,习惯于"眼见为实"。在做事之前总是先经历观察(这件事应该怎么做)– 分析(这件事对我来说难吗? 都有哪些步骤?)– 思考(这件事有用吗? 在我的能力范围内吗?)这样一个心理过程,然后再去进行尝试。因此,家长在这类孩子学习一项技能时(如游泳),千万不要催促孩子"你怎么还不下水?""不要这么胆小,勇敢点!",这样只会让孩子因为不自信和挫败感而选择逃避。

你需要先给足孩子观察的时间让他熟悉环境,看看别的小朋友是怎么玩的,玩得开不开心,之后再鼓励孩子逐渐去尝试。你会发现,孩子一开始学东西可能进入得相对慢,但等到可以真正掌握,他就可能会比其他孩子学得更深入、更熟练。

2. 听觉学习型:听觉学习型孩子,学习和性格特征有以下几点。

◆ 喜欢通过听或与他人的交流来获取信息。

◆ 对声音信息比较敏感,更容易记住听觉资料。

◆ 阅读时,经常会不自觉地通过读出声音来辅助记忆。

◆ 性格相对开朗、自信、有主见,能说会道、擅表达。

◆ 好奇宝宝,喜欢提问,也喜欢和他人辩论。

◆ 学习语言时,对听、说的技能掌握起来要比读和写更快、更好。

我们经常会看到一些孩子,例如沐沐的同学嘉豪,他在课堂上眼睛可能并不总是看着黑板,有时甚至喜欢懒散地趴在桌子上听课,或者会忍不住插嘴、接下茬,但是对于老师的课堂提问却可以迅速给出正确回答。因为在他看似心不在焉的学习状态背后,展示出的是对听觉信息超强的敏锐度和理解力。

嘉豪就是一个听觉和动觉都比较突出的孩子,这种类型的孩子很容易被成人认为聪明但不够努力。因为他们在课堂上积极活跃,对于课堂知识似乎一学就会,动手能力也很强,然而在课后作业中却会出现题目"一做就错"、考试"一考就糊"的情况。

老师和家长很喜欢用"太马虎""不认真"来形容嘉豪这类的孩子,却不知道,这个所谓的"马虎"是有原因的。一是因为他对课堂知识的吸收和理解仅停留在表面,灵敏的听觉学习反应无论是成人还是孩子自己,都容易忽略他们对知识掌握得并不牢固这个事实;二是由于嘉豪通过视觉阅读来获取信息的能力发展较弱,读题时经常会丢字、落字,导致会忽视一些重要条件所导致。因为视觉记忆不佳,嘉豪做题抄错数字的现象也经常发生。

因此,引导和培养听觉学习型的孩子,需要注意以下几点事项。

(1)注重复习和总结:复习和总结是引导听觉型孩子学会学习的重要方式。爸爸妈妈们可以每天抽出 10 分钟时间(有条件的家庭最好安排在孩子写作业之前),让孩子对他今天学

习的课程（最初可以从他学得相对弱的那一门开始）进行一下复习和总结。

为了让孩子能对复习和总结的过程感兴趣，可以采用本书第四章第一节中介绍的"小老师时间"方式，让孩子给家长当老师，教授他今天在课堂上学到的知识。听觉学习型的孩子往往能言善道，也"好为人师"，平时学习或许动力不高，可一旦要给别人当老师就会立刻充满干劲，积极性也会很高。

比如，早上上学之前，爸爸会和嘉豪说："今天晚上我就能听你讲《泊船瓜洲》这首古诗，好期待呀！"每天嘉豪在给爸爸讲解课文时，爸爸都会非常专心地听，并且会虚心向嘉豪老师请教："老师，'春风又绿江南岸'为什么要用'绿'字呢？改成'春风又来江南岸'不可以吗？"以启发嘉豪对知识进行更深入的思考。后来，爸爸还和嘉豪约定，在每次"小老师时间"结束后，嘉豪都要把课程做一个小的书面总结，以加深记忆。

在复习和总结的过程中，孩子会对知识内容进行多次反复的学习和巩固，时间一长，孩子的作业质量就会获得很大的提升。

（2）"头脑风暴"注重讨论：听觉学习型的孩子通常比较有主见，非常喜欢提问和发表自己的观点。父母可以利用孩子的这个特点和孩子玩一些"头脑风暴"游戏，在孩子遇到问题（包括学习问题或生活中其他问题）的时候，让孩子快速思考这件事有多少种解决方案，并和孩子讨论这些方案的可行性和实施过程，启发孩子深入思考，增强自主解决问题的能力。

（3）点读练习和朗读时间：如果孩子平时阅读和做题时漏字、丢字或抄错数的问题比较严重，针对孩子视觉阅读较弱的问题，父母可以用"点指认读法"训练孩子的视觉注意能力。包括以下 3 个步骤：①父母需要和孩子商量好，每天拿出

10～15分钟的时间,根据孩子本身的阅读水平,找出一篇比较短小的文章(孩子2～3分钟内可以读完的文章)或者孩子平时容易看漏出错的应用题(每次3道),让孩子用食指点着阅读材料上的每一个字,并读出声;②用自己的话复述这篇文字的意思或应用题的题目要求;③让孩子检查自己复述的是否正确,如果不正确需要重新点读。

这里需要强调的是,点读的目的是要让孩子在这个过程中,做到手到、眼到、读到,也就是眼、耳、口、手、脑这些学习器官能够配合协调,让孩子不会落掉阅读材料上的每一个字,从而达到训练视觉注意的目的。不少孩子为了读得快,会用手指直接划过每行文字,这种方式不能实现点读的目的,孩子在这个过程中还是会丢字、落字。父母一定要让孩子理解"点读"和"划读"是不同的,只有做到真正的点读才能达到练习目的。

3. 动觉学习型:以动觉学习为主的孩子,学习和性格特征有以下几点。

◆ 喜欢通过触碰实物和动手操作来学习新知识和技能。

◆ 运动和身体协调能力比较强,空间知觉较好。

◆ 动手能力和创造力都很强,喜欢研究事物的构造,对于任何需要动手操作的事情都很感兴趣。

◆ 肢体语言丰富,非常重视自己的身体感受,因而显得多动、坐不住。

◆ 好奇心强,做事有主见,即使是老师和家长极力强调不许做的事情,强烈的好奇心和行动力也会促使他们"以身试法",亲自验证其可能性,故而导致"祸事不断"。然而,正是在这种不断地运动和操作体验过程中,孩子可以自然地熟练掌握知识和技能。

对于动觉型孩子的引导方式,父母应该注意以下几点。

（1）在实践中让孩子看到学习的意义。和前两种学习类型不同，动觉学习型的孩子在学龄前或低年级所占比率比较大。随着年龄的增长和心智的发展，到了高年级和中学，身体感觉上的刺激在孩子学习中所占比率会急速下降。动觉型孩子需要通过更多身体感觉、实际操作来体验事物对他的意义，这种特征在低年龄的孩子中间是非常明显的。

父母需要多通过一些实践性的活动，如科学小实验、手工制作或亲子共同郊游等活动让孩子理解他所学的学科知识对他的意义。"哦，原来数学这么有用，可以让我解决生活中这么多的问题。""我喜欢做物理实验，因为能学到很多有趣的知识。""今天和妈妈去踏青了，认识了十多种不同的花，它们的样子、颜色和味道都是不一样的，将来我要当植物学家，认识世界上所有的花。"当孩子发现知识的实用性和趣味性，就会更专注地投入到学习之中。

（2）通过情景剧扮演游戏，辅助孩子语言学习。对于不太爱阅读、语言能力相对弱的孩子，家长可以参考本书第四章第六节中介绍的家庭情景剧的方式，引导好动的孩子通过情景剧中的动作表演，带动语言的学习。

父母也要了解自己的学习风格

前面提到，每个人都会遵循一个习惯化的信息接收方式和思维模式，父母一方或双方的学习类型也会通过遗传和某些潜移默化的影响复制到孩子身上。但也有一些情况，孩子的优先学习类型与父母双方都不一样，而是与家族中其他成员（如祖父母）相近。大部分家长在认识到每个人的优先学习渠道存在差异之前，都倾向于用自己最擅长的学习方式辅导和影响孩子。如果孩子的学习类型恰恰和父母相异，父母在引导孩子学习的过程中就可能面临很多困难和冲突。

沐沐的妈妈就是一位典型的听觉型学习者,当她发现沐沐学习成绩跟不上时,她会习惯性地认为沐沐是因为听的不够才导致学习状况不佳,于是就会给孩子报很多课外补习班,强迫沐沐听课。但对于视觉学习型的沐沐来说,在缺乏刻意、有针对性的听说训练前提下,大量的听觉材料导致的结果,是让她感到厌烦和疲倦。性格乖巧又不善表达的沐沐只能通过不停地走神、注意力不集中来无声地表达"抗议"。妈妈虽然继续发挥着她的"听说优势",每天不住地叨唠、叮嘱沐沐上课要认真听讲,但沐沐却早已经把耳朵"关上"了。

如果父母的学习类型与孩子相同又会怎样呢?嘉豪的爸爸就和儿子一样,都是动觉和听觉比较突出的人,这为父子俩通过共同的爱好——打篮球、登山、说相声等活动来沟通情感提供了便利。爸爸认为嘉豪的好动是聪明、好奇心旺盛的表现,没必要过多去限制他。但是对于嘉豪考试经常抄错数和读错题的问题,爸爸也感到很头痛:"我小的时候也经常因为马虎而丢分,明明会做的题就是做不对。虽然每次都告诉自己要认真些,但成效并不大,高考时还因为这个问题没有进入一本线!"

显然,无论父母先天的学习类型是否与孩子一致,都需要了解并意识到自己和孩子分别习惯于哪种学习渠道,这对引导孩子学习会有以下帮助。

1. 能更好地去帮助、理解孩子出现某些学习问题的根源,宽容孩子的一些所谓的"异常行为",不会用自己熟悉的学习方式去强制要求孩子。

2. 有助于用最适合孩子的学习渠道去引导孩子,让孩子的学习效率事半功倍。

3. 有助于用孩子容易理解的方式与孩子沟通,使亲子交流更加顺畅。

4. 当一种学习问题在孩子身上反复出现时,既不盲目尝试训练方法,也不因为自己也有相同的问题而干着急,而是寻找到孩子发展相对弱的方面有针对性地进行训练。

关于学习风格,你可能会产生的误区

需要注意的是,用适应孩子天生学习类型的方式去引导孩子,并不是必须要让孩子按照与他们学习风格相一致的方式去学习。这既不科学,又不现实。比如,对于一个爱阅读、喜欢思考的视觉学习型孩子,并不意味着对他来说最有效的学习方式就只是通过看和阅读。家长可以尝试在孩子学习新知识的时候,让孩子先通过阅读的方式进入学习,透过阅读材料去思考、掌握知识的大概结构,然后,再带着在阅读中获得的经验和问题进行课堂听讲学习。在这种情况下,孩子的听讲效率会更高。

同样,对于一个听觉学习型为主的孩子在通过阅读学习之前,可以先用听觉信息来刺激他对所要阅读材料的感觉,使他更容易进入到下一步的阅读学习中。

开启孩子独立思考的大门

♡ 事事都要问妈妈的菁菁 ♡

二年级的菁菁是个圆圆脸、大眼睛的小姑娘。小时候她一直是妈妈的骄傲,性格温顺、乖巧,像个可爱的洋娃娃。可是随着菁菁年龄的增长,妈妈的烦恼也跟着来了。她发现女儿的依赖性特别强,无论遇到什么事,从不主动思考,动不动就张嘴叫妈妈。

"菁菁,妈妈今天有个重要的工作总结,你先自己写作业,遇到不会的题先空着,等妈妈忙完工作再给你讲,好吗?"菁菁虽然点头答应了,但还没过5分钟,她就推开了妈妈的房门,哭丧着脸说:"妈妈,我的生字本有一块弄湿了,写不上字怎么办?"妈妈只好起身帮菁菁解决作业本的问题。刚坐下来没一会儿,隔壁屋就又传来菁菁的求助声:"妈妈,我忘了今天的口算留的是哪一页了!"

"你可以打电话问问老师或同学呀?"妈妈有些烦躁地说。

"我不知道怎么问,你帮我问!"

好不容易忙完工作,妈妈看到菁菁正坐在桌前发呆,数学作业只抄了一道题,就没再往下写了。"为什么不写数学作业,你看看都几点了,这么点儿作业早该完成了啊!"妈妈有些生气地说。

菁菁立刻嘴一撇，掉起了"金豆"："这道题我不会做。"

妈妈扫了一眼题目，更生气了："这类题昨天不是才给你讲过吗？"

"这题和昨天那道不一样……"菁菁边抽泣边解释。

在我所接到的家长求助中，像菁菁这样的孩子并非个例。有的孩子看似乖巧，却缺乏独立思考的习惯。一张嘴就是"我不会""我不知道""我妈妈说""佳佳（好朋友）让我这么做的"，唯独听不到他自己的思考和想法；也有的孩子，似乎有自己的想法，经常出现顶嘴、不合作的行为，可一旦遇到困难和问题，却不愿自己想办法，习惯于找别人来解决，缺乏独立思考的习惯和能力。

不少父母很担心，家庭和学校的教育可以教给孩子学科的知识和技能，可以让孩子掌握各种艺术特长，可对于孩子在未来社会所需的独立思考和解决问题的能力却没有专门的训练，家长该怎么做呢？

其实，培养孩子独立思考和解决问题的能力，并不需要专门的训练。这恰恰是通过日常亲子互动中的积极倾听、开放式提问和提供正向帮助的实践逐渐培养起来的。

积极倾听——让孩子有独立思考的勇气和信心

孩子能否发展出独立思考的能力，首先来源于他是否信任自己的感觉、是否相信自己有能力处理和解决问题。这种自我信任与孩子成长中的"重要他人"（包括养育者、亲近的师长等）对他的尊重和认同息息相关。孩子在年幼时自我评价能力比较弱，但他又很想知道"我是一个什么样的人？""我能不能为自己做主？"

这时养育者的言行对孩子就太重要了。这些言行就像一面镜子,孩子会通过它们来评价和确认自己的感受、认知和行为,并无意识地接受从养育者那里反映出的自己的样子。

有一次在公园里,我看到一个小男孩正兴致勃勃地向周围的大人描述他们幼儿园如何为"六一"演出而辛苦排练。为了表达排练的不易,男孩一边拍着自己的腰一边说:"我们排练了好多好多遍,累得我腰都疼了!"男孩妈妈听了却笑着说:"就你还腰疼,小孩哪有腰啊?哈哈哈!"说得周围的大人们也跟着笑了起来。虽然这只是家长对孩子的玩笑话,小男孩的眼睛却立刻暗淡下来,他低下头,刚才的兴奋劲儿一下子不见了。

在孩子的成长中,诸如此类的例子还有很多。

"爸,打雷了,我怕!""怕什么怕?你是男孩子,要勇敢!"

"妈,我讨厌弟弟,他老抢我东西。""别乱说话,他是你弟弟,你要爱他,让着他点不就行了。"

当孩子的感受总是被否认,他会对自己产生一种怀疑和不信任,会越来越不相信自己的感受和判断,当遇到问题时,自然难以形成独立思考和解决问题的能力。

该如何倾听和回应孩子,才能让他相信自己的感受和意见是被重视、被接纳的呢?这里有两种与孩子对话的回应技术:内容回应和情感回应。

方法一:内容回应。

把你听到的孩子说过的话,再用自己的理解重复一遍给他听。这不但能让孩子感受到他的话真的被重视,同时还能让他确定这是否就是他想要表达的意思。比如,一天菁菁上完英语课外班气呼呼地回到家,说:"我讨厌英语,再也不要学英语了。"妈妈此时就可以回应她说:"哦,你是说从此以后都

不打算再学英语了吗?"这时孩子会因感受到你的理解,反而开始反思自己其实并不是真的不想学英语,而只是为了表达一种情绪。

方法二:情感回应。

通过对孩子当前情绪的关注,既能表达对孩子的关心,又能鼓励孩子更多地去表达自己的感受。比如,当菁菁说她讨厌英语时,妈妈还可以这样回应她:"妈妈看你真的很生气,气得都不想学英语了,是在英语课上发生了什么吗?"菁菁会因此感受到妈妈的关心和理解,也会反思自己其实不是不想学英语,而只是现在很生气。当孩子的情绪得到接纳,她会更加理性地思考问题,并说出自己真正的想法和感受。

开放式提问,给孩子独立思考的机会

有的家长会和我抱怨:"我也想多和孩子聊聊天,启发他学会思考,可他总是很不耐烦。"

仔细回忆一下,我们平时和孩子大部分的对话是怎样的? 不少家长习惯于这样和孩子沟通:"你作业写完了吗?""琴练了吗?""回家后喝水了吗?"还有的父母和孩子交流时会频繁使用祈使句:"别磨蹭了,快去穿大衣,妈妈要迟到了!""太乱了,把玩具收好!"

如果在你和孩子的交流中,过多的充斥了这样的封闭式疑问句和祈使句,不但会带给孩子一种催促和不信任的感觉,也承包了本来孩子应该自己思考和感受的工作。时间一长,孩子就会丧失自我觉察的能力,他们不再需要自主思考,因为这些功能已经被父母替代了。

要让孩子养成独立思考的习惯,你可以在和孩子日常交流的过程中,多运用一些开放式的疑问句。开放式的问题是创造性沟通的基础,可以提升孩子对谈话的兴趣。他会很容易地顺着你的问话去思考,而不只是用简单的"是""好""没有""知道了"来回复。

有一种能够很有效地促进沟通和独立性思考的开放式对话方法,叫作"苏格拉底式提问"。这是古希腊哲学家苏格拉底提出的一种探究式引导方法,可以让你提出的每个问题的答案都能够促生下一个问题。对于初次运用这种对话方式的父母,你可以记住一个窍门:在和孩子进行对话时,你提出的问题可以从 6 个"何"入手:何事、何人、何时、何地、如何、为何。

举个例子:周日下午,9 岁的鲁鲁结束了英语课外班的学习回到家里。妈妈问鲁鲁:"今天上英语课外班感觉怎么样?遇到了什么有趣的事吗?"(从"如何"入手,问孩子的感受;从"何事"入手,引导孩子描述具体事件。)

"没什么意思,我讨厌上这个课。"

"哦,你不喜欢今天的课程,是发生了什么吗?"(内容反应——倾听和理解孩子的感受;"何事"——就孩子不开心的原因进行下一步提问。)

"今天分组演英语情景剧,我和阳阳的组被扣了好多分!"

"哦?什么会导致你们被扣分呢?我看你昨天很认真地练习了啊?"("为何")

"都是阳阳的错!他根本不按照我们的剧本演,害得我没有接上台词。"

"因意外的原因让你精心准备的东西没获得认可,你感到很委屈对吗?"(情感反应)

"是啊,太不公平了!"鲁鲁回应着,情绪却明显舒缓了下来。

妈妈继续启发鲁鲁:"下课后你和阳阳是怎么沟通这个问题的?"("如何")

"我问过他,他说他是想让我们的表演看起来和别的组不一样。"

"看来阳阳的目标和你是一致的,都想让你们组获得好分数,可他事先却没和你商量,结果就造成了失分,真是太可惜了。咱们来想一想,以后再遇到这种情况该怎么办呢?"("如何")

"嗯……我想下次把我们每个人的想法先沟通好,写下来,然后再排练。"

在以上的对话中,妈妈一直在用苏格拉底式提问去引导鲁鲁梳理和思考事件的发生过程以及问题的解决办法。你会发现,在整个过程中,妈妈只做了两件事:倾听和提问,却让鲁鲁缓解了情绪,并自己找到了问题的解决方法。我们可以看到苏格拉底式提问有以下 3 点好处。

1. 加深了理解,帮助孩子舒缓情绪,让他感觉自己被倾听、被接纳。

2. 引导孩子从提问中不断思考,进一步梳理对问题的理解。

3. 鼓励孩子自己提出问题解决方法,激发孩子创造性思维和解决问题的能力。

为孩子学会思考搭建脚手架

在辅导工作中,不少家长都会像前面案例中菁菁的妈妈一样,在引导孩子学习的问题上感到束手无策。这可能是父母在和孩子沟通时,缺乏合适的引导造成的。

当孩子顺利地完成作业时,家长通常会夸奖孩子:"今天作业全对了,真棒!""嗯,写得真不错,以后继续努力!"这种夸奖传递给孩子的唯一信息只是:作业写得好,家长就会很高兴。除此之外,并不能让孩子在学习上进行进一步思考,以及给予有效的支持。

当孩子在学习中遇到困难、需要帮助时,沟通不当导致的问题可能会更严重。网络上关于帮孩子辅导作业导致父母轻则"河东狮吼",重则导致脑梗、心脏搭支架的案例数不胜数。家长们怎么都想不通:"明明这么简单的问题,给他翻来覆去讲得口干舌燥,就差把答案替她写上了,孩子为何仍是一副懵懂状呢?"

这是因为,我们在帮孩子辅导功课时,很容易陷入一种所谓的"专家盲点效应"。就是你目前的知识积累、思考方式与孩子的思维能力之间存在差距,使你难以站在他的角度去理解他学习时的真实需求。比如"16+7"对成人来讲是个"答案明摆着"的问题,可对一个 6 岁的孩子来说却是个真正的大问题。

教育心理学家维果斯基提出了"最近发展区"理论:在孩子现有能力下,当他几乎能够但却又不足以独立完成某一任务时,如果在更有能力的人的帮助下就可以完成的水平范围,就是他的最近发展区。简而言之,就是在家长的引导下,孩子可以成功地解决比他现有能力稍高一点难度的问题,取得更大的进步。心理学家把这种在孩子需要时,能够促使孩子独立思考、逐渐提升解决问题能力的帮助,形象地比喻为"脚手架"。如同工人建造房屋时,会用脚手架对房屋起到辅助支撑的作用,房子建成即被拆除。

家长引导孩子掌握学习、生活和社会交往技能的过程也是一样。我们必须在孩子需要帮助时,彻底放下自己的认知

框架,要站在孩子的角度去体验和思考,为他提供适当的指导、线索和示范。一旦孩子掌握这种技能和独立思考的方法,我们就可以把"脚手架"撤除了。

在 RAPC 动力模型中,正向帮助环节的其中一项技术——启发性提问就是运用了"脚手架"的功能,引导孩子独立思考并寻找问题的解决办法。

家长在运用启发性提问时需要注意以下 3 点。

1. 站在孩子的角度去理解问题。

2. 把问题降级拆解到孩子可以理解的程度。

3. 用孩子能够理解的先前知识引发思考新问题的答案。

下面,我们来看一看,一位爸爸是怎么引导他 6 岁儿子果果理解语文作业要求、总结题目规律,并学会独立造句的。

刚上一年级的果果被一道语文造句题难住了:"小牛在山坡吃草,小鱼在水中游泳,小鸟在树上歌唱。请参照例句仿写三句话。"

爸爸问果果:"这 3 个句子什么地方相同,什么地方不同啊?"(引导孩子做比较)

"他们都是小动物。"果果回答

"对,他们都是小动物。那么我们把'小鱼在水中游泳',换成'爸爸在水中游泳'可以吗?"(拆解问题,引导孩子理解)

"嗯,可以的。"

"那咱们再换一下,换成'潜水艇在水中游泳',这样可以吗?"

"好像也可以吧……哦,爸爸,我知道了,他们的共同点都是'谁'!"

"你总结得非常到位,小鱼、爸爸和潜水艇的共同点都是'谁'。那么你再想想看,'在山坡''在水中''在树上'这 3 组词有没有共同点呢？"

"爸爸，我全明白了，它们 3 个的共同点是'在哪里'，后面的共同点是'在做什么'。所以，这 3 个句子的共同点就是'谁，在哪里，做什么'，是这样吗？"

"你一下子就把这三句话的句式规律全都总结出来了，真棒！所以，你想好造什么句子了吗？"

"嗯，可以是'我在公园里玩耍''小汽车在马路上行驶'……对了，'人造卫星在宇宙中翱翔'也是用这样的句式。"

"你这个句子很有创意，爸爸都没想到呢。看来你真的掌握这个句式了，已经能够举一反三了！"

引导孩子解决问题的"IDEAL 模式"

孩子在能够独立思考后，他就要开始学习如何解决一些相对复杂的问题了。通常，孩子无论是在生活中还是学习上遇到一些对他来说相对生疏的问题时，不少父母要么会直接帮孩子解决问题，要么会抛给孩子一句："你要自己去想办法解决，不要什么事都找大人帮忙。"

其实，当孩子面对困难时，找到大人寻求帮助就是他当时能想到的最好的方法，直接把孩子推开并不能"逼"他养成独立思考的能力。时间一长，父母支持的缺乏还会让孩子体验到无助感和对自己的不信任。

这时我们可以尝试用问题解决的"IDEAL 模式"帮助孩子找到解决问题的思路。什么是"IDEAL 模式"呢？

举个例子，暑假里，老师给孩子们留了这样一项作业：为你这个暑假游览过的一个景点做一张宣传海报，向同学们介绍这个景点的特色和引人入胜的原因。嵩嵩之前从来没有做过海报，于是他找爸爸求助，希望爸爸能够帮助他完成这项作

业。我们来看看嵩嵩的爸爸是如何运用问题解决的"IDEAL 模式"来引导儿子面对和解决他之前从未遇到过的问题的。这个过程分为以下5步。

第一步（I）：引导孩子识别问题（identify the problem）

这是指要让孩子能准确地认识他所面临的问题或任务是什么。嵩嵩之前从来没有做过海报，所以爸爸先引导嵩嵩自己上网去搜索一下，了解究竟什么是海报，海报的用处又是什么。

嵩嵩通过搜索网上的信息，了解到海报是一种运用图片、文字、色彩等方式向人们展示宣传信息的张贴物。在了解到海报具体是什么后，爸爸又让嵩嵩再明确老师作业的具体要求。这样，嵩嵩就了解了他下一步要完成的作业内容：要用一些照片、文字和绘画的方式，在一张纸上介绍暑假旅行过的一个景点，用来向同学们介绍这个景点有什么特点以及它为什么吸引我。嵩嵩开始觉得这个作业非常有意思！

平时，当孩子在解题时遇到问题，家长也可以运用这个方法，先不要着急帮孩子讲题，而是引导孩子先去了解他所面对的问题是什么。比如，先让孩子仔细地读一遍题，确定他把题目读全、读懂后，再问问他："通过读题，你觉得这道题考的是什么？它想让你掌握哪方面的知识？"一旦识别了问题，孩子就能在头脑中有效地调动他在课堂所学的有关知识，并且开始主动地思考。

第二步（D）：定义问题，找出和问题有关的信息（define and represent the problem）

通过这一步，孩子可以进一步寻找和解决这个问题相关的信息或者解答问题需要的条件或步骤。嵩嵩在暑假刚刚和爸妈去西安旅游，他尤其喜欢秦始皇兵马俑，所以决定要通过海报向同学和老师介绍这个神奇的世界遗产。可是,要从哪几个方面才能让没看过兵马俑的人了解它的特色和有趣之处呢?

在爸爸的引导下,嵩嵩决定把自己的海报分为3个方面向大家展示:①兵马俑的历史背景是什么,在什么时间,为什么建造它;②它为什么被称为世界八大奇迹,有什么与众不同的地方? ③一个有关兵马俑的有趣故事。

一旦找到有关作业的步骤和相关信息,定下要完成的每一步目标,嵩嵩的思路就会变得更清晰。不再像刚看到作业时什么都想做,却又不知道真正该做些什么。

同样,孩子在平时学习解题的过程中,在定义了他所面临的是哪一块知识点后,父母就需要引导他在题目中寻找解题可能需要的条件,从而进一步明确自己下一步该从哪些地方入手去解决问题。这时孩子的思考就会逐渐清晰,主动性也会逐渐增强。

第三步(E):寻找可能的解决方案(explore possible strategies and solutions)

在了解了问题相关的信息,明确了解决问题的目标和步骤后,下一步就需要根据每一个步骤寻找可能的解决方法。

比如,爸爸需要引导嵩嵩去思考海报版面应该如何设计,才能让他打算展示的3个板块既美观大方又突出主题? 每个板块大约需要多少文字,占多少版面,才可以做到既内容丰富,又不显得拥挤,且能完整地表达主题? 每个板块要选取哪些照片、图片和装饰图才能更加引人入胜等。

在寻找解决方案的过程中,如孩子实在想不出方法,家长可以适当地给予一些提示,并让其按照提示去做一些尝试。但是,千万不要直接干涉孩子或者干脆代替孩子去完成。

第四步（A）: 尝试执行刚才找到的解决方案（act on a selected strategy or solution）

在这一步中,孩子需要亲自把他刚才想出的方法一步一步地去实施。如果在执行的过程中遇到问题,可以再返回去,重新思考可能的解决方案。

第五步（L）: 检查并评价结果是否达到目标（look back and evaluate）

当问题解决后,孩子需要再重新对照第一、第二步检查一下,自己最后的成果是否符合任务的要求和每一步确定的目标。

孩子无论是在作业解题或是其他复杂任务上遇到问题,家长都可以引导孩子运用这种解决问题的"IDEAL 模式",识别、定义、思考、执行和评估问题。在过程中孩子如果遇到困难也不要着急,家长可以通过一些提示,或者运用前面我们提到过的"搭脚手架"的方式,引导孩子不断思考和尝试。时间一长,孩子就会自觉地按照这个模式,逐渐提升并养成独立思考和解决问题的能力。

培养元认知,让孩子成为自我监控
高手的4个约定

"四年级差距"现象

岚岚是个学习努力、争强好胜的小姑娘,做什么都想争第一。从一年级到三年级,岚岚从没掉下过班级前三。不但学习如此,岚岚还多才多艺,钢琴、舞蹈、朗诵样样精通,是无数父母眼中名副其实的"别人家的孩子"。但自进入四年级后,岚岚的数学成绩开始有些下滑,期末考时,岚岚的成绩只排到了班级的第 8 名。本来这是再正常不过的小困难,可岚岚却从此越来越怕考试,尤其是数学。考试的重要程度越高,她就会越担心自己考不好,过度的焦虑难免会影响成绩。爸爸妈妈也跟着女儿一起着急,不知怎么才能帮助孩子减少对考试的焦虑。

岚岚的同学小磊是个活泼好动、好奇心强的孩子,他总是有各种各样的想法,学习新知识的能力也非常快,是全班同学和老师公认的"小智囊"。可是小磊最大的毛病就是因为想法太多而导致的注意力严重不集中,无论是在课堂还是在家学习,只要外界有一点风吹草动,都能成功把他的注意力吸引过去,因此小磊的学习效率并不高。低年级时小磊还能在妈妈的监督下学习,可到了高年级,小磊在学习上的波动就比较严

重了,成绩好不好完全要看他当时的状态。看着儿子的学习总是像"过山车"一样忽上忽下,妈妈发愁死了。

与岚岚和小磊不同,同班的女孩可可一开始是个不怎么被关注的孩子,学习知识的速度也没有岚岚和小磊快,在班里的成绩也只是在中游。但是,随着年级的增高,可可的学习能力却在稳步前进,四年级以后,可可已经成为班级学习比较优秀的学生了,五年级还被评为了区级三好生。

这3个学生为什么会在小学中、高年级之后差距变得如此之大呢?看似能力平平的可可,是如何做到在学业和人际关系上都后劲十足呢?这是由于在她的身上具有一种被很多老师和家长所忽视的重要能力——自我监控和调节。

元认知

如果一个人在学习、生活、工作和人际交往的过程中,都能够为了达到自己的预设目标,而不断去体验、评估、控制和调节自己的认知过程、情绪和行为,那么就可以说,这个人具备很好的自我监控能力,心理学上把这种能力称为元认知。

很多爸爸妈妈都会有以下困惑:"我家孩子明明很聪明,学东西一学就会,就是自控力太差,做题马虎,上课东张西望,写作业各种走神。我讲道理、立规矩,甚至吼叫、打骂都用上了,他还是油盐不进,成绩总是上不来。""我家孩子动不动就爱发脾气,控制不住情绪,回回都因为和同学打架被班主任告状,这将来可怎么办啊?""我家孩子平时学习很好,一到考试就紧张,发挥不出正常水平,真是急死人。"

这些孩子的问题看似没有关联,其实都与孩子元认知能力有关。研究发现,孩子的元认知能力是影响其学习成绩的重要因素,培养元认知会有效提升孩子的社会交往和解决人际冲突的能力。美国哈佛大学教育学家戴维·珀金斯认为，人的智力分为三大类：神经智力、经验智力和反省智力。智商测查只能测出前两种智力，而三类智力中最重要的却是反省智力也就是元认知能力。它就像一个放大器，能使前两种智力在孩子身上发挥出真正的效力。

大家都知道龟兔赛跑的故事，兔子虽然占尽敏捷、聪明的优势，可如果缺乏明确的目标、不断寻找最佳策略、良好的情绪控制和注意力等因素，最后很可能会败给虽然动作缓慢，却拥有超强自控力、坚持力且目标清晰的乌龟。

在日常生活中我们要怎么去培养孩子的自我监控能力呢？父母需要引导孩子养成 4 个思维习惯。

思维习惯的养成

1. 做事前，先思考。

中国古语中常讲"三思而后行"，说的是做事前要经过慎重思考后再行动，然而，在节奏越来越快的现代社会，这个准则已然被很多人所忽视了。

这几年我们在不同的人群中（包括幼儿、中小学生、大学学生和职场中的成人）做过一项有趣的智能学具操作测试，以发现人们是如何通过逆向思考来解决问题的。在测试中，我们向测试者口述题目要求，并让测试者尽量用他能想到的最好的方法、最快的速度去完成解题。

不可思议的是，半数以上的测试者，在听完题后没有经过任何思考就开始动手操作，甚至有些测试者，连题目都还没有听完，就已然开始操作。最终，测试结果与我们的预估相符，有 1/3 的测试者不但不能找到做题的好方法，甚至还理解错了题意，没有按照题目要求顺利解题。

可见，做事前先思考是一件事能否顺利、有效达成目标的基础。小学阶段是父母训练孩子在做事时养成"行前思"习惯的重要时期。具体该如何做呢？

（1）事前提醒：对于低年级的孩子，一开始父母可以用事前提醒的方式引导孩子进行"行前思"。

比如，一个小学二年级的孩子在做题时总是看丢条件，父母就需要在他做题之前先问问他："想想看，你有什么好方法能让自己把题目读全、理解对、不丢条件呢？"如果孩子暂时答不上来，父母可以继续用上一节介绍的"搭脚手架"式提问法引导孩子："审题的时候要注意用到什么器官啊？眼睛还是耳朵？"

孩子："眼睛！"

"眼睛要怎么做呢？"

"一个字、一个字地读，把整个题目读完再做！"

"好方法！手可以帮忙吗？"

"嗯……也可以，手可以指着字，帮助眼睛不容易看错！"

"对呀，手可以用来帮助眼睛不会看错。那这时大脑用来做什么呢？是在睡觉吗？"

"大脑不能睡觉，要跟着想啊，大脑不在也容易做错。"

"太好了，那么你接下来读题时也要检查一下自己。咱们看看，你是不是用眼睛看、用手指、用嘴读、用大脑想，把题读全后再写，好不好？"

在孩子做事之前，引导他有意识地把注意力分配到各个学习器官的指向上，这等于启动了孩子自我监控的阀门，他会比平时更加主动地去控制自己的意识。一旦孩子在完成任务上有进步，父母一定要及时给予鼓励，这样既可增强孩子的自信，也能帮助孩子逐渐养成主动通过"行前思"的方法，进行自我监控的习惯。

（2）行前"三思"自问法：对于中年级以上的孩子，可以把"行前思"作为一种日常的做事方式。家长需要引导孩子，在做每一件不太熟悉、尚未养成习惯的事情之前，都先从目标、方法和步骤、注意事项这3个方面来进行思考。

举个例子，暑假里小磊要去参加一个为期6天的夏令营，临走前的几天，他要尝试自己整理和准备行李。按照小磊之前的性格，他会立刻迫不及待地开始做事，想起什么就往箱子里装什么。但是这次妈妈开始引导小磊运用"行前三思自问法"来准备行李。妈妈让小磊先把他的"行前三思"在纸上列出来，想好该怎么做，然后再开始行动。

◆ 目标：在1小时内准备好参加这次夏令营活动所需的全部行李，确保不落下任何必需品。

◆ 方法和步骤：根据夏令营老师提供的用品清单，按照所需衣物（包括鞋、帽）、日常洗漱用品、所需学习用品、药品、其他日常必需品的顺序准备。每准备好一项就在清单对应项后面打一个"√"。

◆ 应注意的事项：①提前查看当地天气预报，按照天气情况准备衣物，衣物应尽量轻便，由于营地会发放营服，也不必准备太多，内衣裤需带足以便于换洗；②准备常用药品，如治疗嗓子发炎的药物、肠胃药、防中暑药、驱蚊液和创可贴等；③带一些纸巾和报纸，野外就餐备用；④不要带贵重物品，可携带一台家长的旧手机以方便拍照和联络，且不要忘记带充电宝和充电器；⑤准备一些零钱。

父母可以用这种方法引导孩子在每次在做事前，都问自己这3方面问题，逐渐帮孩子养成"行前三思"的良好习惯。

2. 遇问题，会分析。

当孩子在学习和生活中遇到问题和困难时，一方面，要先给予孩子心理上的支持，让孩子知道，爸爸和妈妈永远会支持他、做他坚强的后盾，遇到问题时不要担心，可以和爸爸妈妈一起商量解决办法；另一方面，要逐步帮助孩子养成分析问题背后原因，积极寻找解决方法的习惯。这个过程可以分为以下两步。

（1）分析和觉察问题的原因：对于像岚岚这样容易考试紧张的孩子，爸爸妈妈要先从自己身上找原因，看看是否自己将目光过度地盯在孩子的分数上，应适当地调整自己的心态，把过度关注孩子的学业成就转移到关注孩子自我监控和解决问题的能力培养上。

接下来，需要引导孩子发现和觉察引起自己考试焦虑的原因。你可以这样引导孩子思考："如果这次考试没考好，你担心会发生什么事情？"

"担心老师会不重视我了。""害怕成绩会越来越差，考不上好学校，竞争不过别的同学。""担心爸爸妈妈对我失望，认为我能力不够。"

一旦找到引起问题的原因就可以进行到下一步。

（2）改译问题的意义：美国斯坦福大学曾做过一项经典的干预性心理实验。参与实验的大学生被分为两组。一组为实验组，他们被要求写下在即将到来的这个假期中，对自己最有价值的事情，以及在假期中与这件事有联系的活动和事件；另一组为对照组，只被要求写下在假期中发生在他们身上平常的开心事。

研究人员在假期结束后回收了参加实验的学生们的日记，并且对他们进行了访谈。研究结果显示，相比于对照组，实验组的学生身体更加健康、精神状态也更加积极,开学后在面对学习困难时也显得更为自信。实验得出的结论是,这种找到并记录与自己认为最有价值的事情相关的活动和事件,可以有效地帮助这些学生看到生活的意义。

同样,引导孩子发现他正在做的事对自己的正面意义,帮孩子找到做事的兴趣性认同而非恐惧性认同,这种方法就叫做"改译"。有助于孩子更加积极、主动地做事,而不是因为害怕某个不良结果的发生而被动地做事,并且孩子还能在做事的过程中有效地监控和调节自己的行为。

对于像岚岚这样有考试焦虑的孩子,爸爸妈妈如果只是单纯地安慰她:"考不好没关系,下次继续努力就行了。"这种方法好不好呢?肯定不好,这种话不但不能降低孩子的焦虑感,反而会让孩子觉得自己的努力没有意义,爸爸妈妈也不相信自己的能力。

相反,爸爸妈妈需要帮助调整孩子对考试意义的认知:大部分考试的目的不是为了和别人竞争,而是检测你对所学知识和技能的掌握情况,还能帮你提升应对各种问题的能力。所以,如果这次考试考得好,说明你比之前进步了,而且最近所学的知识点也掌握得还不错;如果没有考好,则正好可以帮你发现自己的知识漏洞,只要及时把这个漏洞补上,就能为自己能力进一步提升做好准备。

这样,孩子会很容易用一种更加积极地心态去面对考试,也会减轻对考试的恐惧。

3. 做事中,要监控。

父母需要让孩子明白这样一个道理:在学习中遇到困难不但是正常的,而且是必然的。前美国财政部部长,前高盛集团首席执行官罗伯特·鲁宾在他的著作《在不确定的世界》一

书中提道:"即使是非常优秀的篮球选手,投不中的概率也达55%;即使是一个很好的网球手,也会犯许多错误。目标应是如何尽可能地打好这一个球,而不是或者担心弄糟,或者担心分数的多少。"

父母可以教授孩子一些在做事中的自我监控、调节方法。

(1)缓解压力的呼吸放松法:让孩子把注意力尽量放在腹部(因为肚子是没有想法的),然后平静地做深呼吸运动。如果发现自己的注意移走了,没有关系,再把注意重新放回腹部就可以了。每次做5~10分钟练习,让孩子逐渐掌握放松的方法,以后无论在考试或是比赛前,只要孩子感到焦虑或紧张时,都可以用这个方法让自己放松。家长在平时也可以常和孩子做这个练习。

(2)确保在考试前把基础知识掌握牢固:这尤其是对学习成绩中等的孩子特别适用。爸爸妈妈一定要保证孩子在考试前回归课本,尽量不要再去做难题、偏题,而是偏重复习老师讲过的知识要点和作业及以往考试中做错的题。一旦孩子把每个知识要点掌握扎实,就可以对自己说:"我已经把该复习的地方都复习好了,我已经具备达到目标的能力了。"通过这个暗示,孩子的焦虑感也会减轻很多。

(3)分解目标:引导孩子明确他每次做事要达成的小目标,把注意力都集中在这个小目标上。本书在第四章第二节中也提到过,当把时间缩减到足够合适,把任务目标简化到越单一,人就越不容易受到干扰,就像在一个气泡中,可以安定并且享受地做事情。这个方法无论对难以集中注意力的孩子,还是容易沉浸在紧张情绪中的孩子来说,都是有效的。

比如,小磊在做一套练习试卷前,妈妈就可以和小磊约定："咱们这次的目标就是力求把每一道题都读完、读准,不会因为读错题而扣分,怎么样?"这个目标比较单一、不复杂,却是小磊做题时最需要注意的地方。这样,小磊就会很容易将注意力集中在读题上,从而有效减少他因为读不准题而做错的现象。同样,岚岚的家长也可以在考试前和她订一个这次考试需要达到的小目标,例如在她进行过专项练习的某一类题型上做到不丢分等。

当孩子能够把注意力集中在一个单一并且合适的小目标上,就更容易达到一种全神贯注、身浸其中的状态,这种状态在心理学上也叫作心流。

4. 做事后,必复盘。

复盘本来是个围棋术语,指的是双方棋手对决完毕后复演这盘棋的记录,检查和总结棋手下棋时招数得失的关键点。其实,在孩子的日常生活和学习中也需要在他做事完毕后,通过分析和总结他做事的优势和不足、获取经验和教训的方式,来加强孩子自我监控和调节的能力,以确保他在以后每次做事的过程中,总可以获得进步。

我们都知道,游戏玩起来很容易让人欲罢不能,这除了是因为玩家总可以在游戏过程中获得及时的奖励外,更重要的是可以让玩家时刻看到自己目前的水平和目标水平(通关)之间的差距,并且可以一次次地感受自己不断接近目标的过程。这种过程带来的掌控感和成就感会刺激脑部内啡肽的分泌,让玩家可以体会到努力后获得成功的快感,而这种快感又会促使一个人不断想要努力争取进步。所以,在孩子养成习惯之前,每次完成当日的学习计划或考试结束后,父母都需要引导他一次次地通过复盘做事的过程,发现自己的优势和进步、总结经验教训,这就是在帮助孩子不断体验

向目标靠近的过程,发现自己的进步和暂时的不足,并且获得下一步努力的方向。

比如,每次测验和考试前,你可以引导孩子给自己订一个合适的目标。考试结束后尽量在试卷发下的第一时间(这时,孩子对考试情境和答题时的感觉还比较清晰,一旦错过这个时间,孩子对本次考试的印象就会模糊,总结起来就不容易到位)和孩子一起做总结复盘。复盘可以从以下3个方面入手。

(1)优势和进步:父母可以通过以下几个问题来引导孩子发现此次考试中的优势和进步。

◆ 在这次考试的过程当中,你做哪一科时的状态最好?当时你是怎么做的?

比如,孩子可能会回忆说,他考英语时的状态最好,因为卷子发下来后,他并没有马上就做,而是先简单浏览了一下卷面,合理分配了做题时间;或者在考前把和妈妈总结出的注意要点在头脑中都过了一遍,再次加深了对自己的提醒和监控,等等。

◆ 这次考试什么地方进步最大?你为什么会取得这样的进步?

比如,数学曾经是岚岚的弱项,但在这次考试中,计算方面1分也没有扣。因为考前她用了1个月着重练习了这一项,把错题本上的错题都掌握到位。或者,考试前岚岚本来有些紧张,但他一边有意识地调整呼吸,一边不断告诉自己:这次考试是为了发现问题、检验对知识的掌握,所以只要朝着目标努力做就好。结果后来的考试真的就不那么紧张了。

(2)有待解决的问题。

◆ 考卷发下来,有什么让你觉得比较遗憾的地方?

比如,因为粗心而抄错数,导致扣分;有的题目没有读完整就开始做了,结果被扣了大部分分;语文有一篇需要背诵的课文不熟,这次恰好考到了里面的句子。

◆ 通过这次考试,你发现自己有哪些需要提高的项目?

比如,英语阅读掌握得不好;数学应用题中的"盈亏问题"不熟练,这次扣了很多分等。

(3)下一步需要努力的目标。

◆ 通过这次考试,你觉得自己在哪方面需要提升?

◆ 你打算下一步怎么做?

当孩子把各个事项总结完毕,就需要把这次考试的分析和下一步的目标、计划记录下来,并将错题写到错题本上。下一步的学习要以这次总结复盘为基础,争取更加的进步。

除了考试之外,也把复盘的方法运用到孩子课堂听讲、钢琴比赛等各种活动中。通过总结复盘逐渐帮孩子养成自我行为监控和调节的好习惯。

"望、闻、问、切"帮孩子有效应对考试

考试月,成绩成了家庭氛围的晴雨表

我在准备这一章节的时候刚好赶上全国中小学生的考试月,在经历了6月上旬"残酷"高考和下旬的中考后,轰轰烈烈的期末考试正式拉开了帷幕。我家楼下就是一所学校,这些天来校园也由原来放学时段的固定喧嚣,变得安静,还隐隐充满着紧张的氛围,连学校附近总是聚集着孩子的零食店都显得冷清了许多。

这些年来,有个越来越明显的趋势:家长们对考试的焦虑感增强了。无论多"佛系"的父母,无论家庭环境如何,在面对孩子不太理想的考试成绩时,家长都会很难维持淡定,媛媛妈就是其中一个典型的例子。

"老师,这次期中考试,媛媛的成绩从原来班里的前10名一下子滑到了第26名,他们班一共才36个人,这不等于垫底了嘛!都怨我之前一直对她实行快乐教育、缺乏严格要求,总觉得她只要能保持对学习的兴趣,成绩就不那么重要了。可我不重视成绩,老师重视啊。现在班级连单元测验都要排名了,一旦考不好,老师就会在家长会、家长群里点名批评。孩子成绩不好哪个家长脸上能挂得住?媛媛下学期就要上六年级了,马上就要面临小升初,小学成绩就这么差,等到上中学,她中考、高考可怎么办？如果最后什么大学都考不上，将来要怎样参与社会竞争，还不直接被淘汰掉？"

我能深深体会家长们这种因为怕输而焦虑的心情。孩子的每一次考试分数，不仅代表一个结果和检验孩子对学习内容掌握的程度，还隐含着家长的自我评价标准：孩子考试分数的高低标志着我是否是个称职的家长。

不好的成绩会增加孩子未来的不确定性，在家长们看来，每次考试都是一场竞争，良好成绩是孩子在未来竞争中取胜的基础。如此一来，无论孩子在平时知识掌握得不错还是一般，每逢考试，家长们都会如临大敌。这时仿佛只有一个好的分数才能缓解家长对孩子未来不确定性的焦虑。

然而，一个好的考试成绩真的能代表孩子当前的学习水平吗？如果一个孩子，他平时对知识和技能的掌握并不牢固，只是通过考试前突击复习、依靠记忆和好的运气获得相对高的分数，这种分数的意义是什么呢？

目前，中小学生在学习过程中面临的考试主要分两种。

◆ 检测性考试：主要目的是检测孩子对知识和技能的掌握情况，目前所处的学习水平，便于发现知识或学能漏洞，使得老师和家长能够提供及时的帮助。在 K12 教育阶段，孩子在学校经历的大部分考试（包括期中考、期末考、月考、单元测验、随堂测试等）都属于这一性质。

◆ 选拔性考试：指一个人需要升入较高一层教育机构、工作职位、职称水平时，为了区分和选拔优质人才，以符合学校或职位需要而进行的考试。孩子成年前对他们影响最大的选拔性考试就是中考、高考以及部分小升初的择校考试（如果孩子决定择校才需要准备这部分考试）。

可见，大部分考试的真正本质包括：①帮孩子检验对他所

学习的知识和技能的掌握状况,了解自己目前所具备的学习能力水平;②通过考试不断加深对知识掌握的熟练度;③通过考试不断训练面对问题和解决问题的能力,构建良好的心理素质。

学习并不是为考试而服务的,考试也只是检验孩子学习效果的工具,而成绩只是一个副产品。如果父母把一切检测性考试全部当作选拔考试,一切向成绩看齐,就可能会造成孩子的厌学和焦虑,孩子也很可能把目光放在如何用巧劲上。比如,只关注考试技巧,甚至只关注如何通过作弊等行为获得分数,而不是如何通过努力去提升自身的学习能力。

所以,面对孩子的考试,家长们需要把时间维度拉长。我们对孩子的帮助不能是"头疼医头,脚痛医脚",哪科考不好就补哪科。要让孩子的考试成绩不但能相对准确地反映出他真实的学习状况,不至于因为学习习惯不佳和过大的心理压力而失分,更要让孩子的学习能力能够稳步提高。家长们需要像中医诊断患者那样,帮孩子由表及里地发现和解决自身学习上存在的问题,更加合理地应对考试。

帮孩子合理应对考试的"望、闻、问、切"法

1. "望"——从日常学习中了解孩子的整体水平。

中医诊断中的"望"诊指医生运用视觉对人的整体身体表征进行有目的的观察,以此了解人的健康或疾病状况。作为父母,把这种"望"诊的方法运用到日常生活中,要从孩子平时的家庭作业、课堂练习、小测验以及和老师的沟通中,观察和了解孩子学习的整体状况。

你一定很奇怪,咱们不是在说考试吗?怎么讲到平时练

习上了？你要知道,考试并非了解孩子学习状况的唯一方式。只要从孩子日常的学习活动中,观察和了解孩子对各科知识技能掌握的优势和不足,就能提前对孩子最后的成绩基线有一个基本的把握,可以及时帮助孩子查漏补缺,从容面对每一场考试。

当媛媛妈为女儿的考试成绩着急上火时,我问她:"媛媛平时的作业和课堂小测验情况怎么样？她最容易在什么知识点和题型上出错？学得比较好的地方又是什么？"

"这……"

媛媛妈被我问得愣住了,显然,她并没有认真地了解过女儿日常的学习状况。孩子的学习出现问题绝不是"突然"或者"一下子"发生的,而是从一个或几个小漏洞开始。如果孩子没养成自我检查和监控的习惯,这些漏洞将很容易被忽视,并会逐渐扩大,造成学习水平的下滑。

要了解孩子的学习状况,首先就要从孩子平时的作业和课堂练习开始。这并不是要家长每天帮孩子检查作业,而是可以通过翻阅老师批改过的作业、课堂练习、孩子的课后复习以及从老师那里了解到的孩子课堂状况,发现孩子出现问题的知识点和错误原因,随时引导孩子在错题本上总结他在日常学习中出现的问题。一旦发现有知识漏洞,就要随时通过练习补全。

此外,家长还需要随时鼓励孩子在学习中取得的进步,要让孩子看到自己努力的成果,不断增强孩子的获得感,这将激发孩子对学习的信心和持续付出努力的意愿。

如果能做到这点,你就会发现,这不但可以预测孩子在各类考试中的基线水平,有了合理的内在预期,就能降低焦虑,并能帮孩子养成随手检测随时补漏的习惯。

2. "闻"——了解孩子的学习情绪和考试压力。

"闻"在中医诊断中的功能是通过听和嗅的方式从患者发出的异常声音和气味中发现隐藏的问题。当然,这可不是说要家长真的通过"闻"来帮助孩子,而是要随时从和孩子的日常互动中,感知并且觉察孩子不佳的学习情绪,引导孩子应对考试压力。

多数情况下,考试时有压力是正常的,这也体现出孩子努力学习的动机和自我期望。适当的压力会激发孩子认真复习的行为和考场上较佳的情绪状态。但是,如果观察到越临近考试,孩子的情绪波动就越大,例如出现烦躁不安、发脾气、不耐烦、生气甚至无端哭泣的情况,父母这时需要做的不是着急催孩子复习,而是应先停下来疏解一下孩子的焦虑情绪。

你可能会说,我每次都会告诉孩子:"考试时不要紧张,只要正常发挥就可以了。"但是,不同孩子的压力源是不一样的,父母只有了解孩子压力背后的心理需求,才能帮他有效应对考试焦虑。

孩子的考试压力通常源于家人、学校环境和自身性格这3个因素。家长可以通过和孩子谈心了解孩子考试压力的主要原因。

(1)如果压力来自父母,孩子可能会担心自己万一考不好,会让人人对自己失望,也有的孩子会因此而产生逆反和逃避困难的心理。这时家长首先应该问问自己:①我如何看待孩子的每一次考试?是决定命运的生死之战,还是检验孩子学习效果和学习漏洞的机会?②我对孩子的真正期望是什么?只是期望他在每一次考试中取得高分,还是想让他拥有发现问题、面对问题和解决问题的能力?③孩子的考试成绩是由什么决定的?是平时练习的积累、稳扎稳打的学习状态、到位的复习,还是临考前火急火燎的"抱佛脚"呢?

一旦家长真正理清了自己对考试的认识,调整好自己的心态,孩子的压力也将会相应减轻。在临近考试的日子里,除了在孩子需要时给他的复习提供助力外,要尽可能地让家庭氛围和孩子的生活与平时没什么两样,做到"去考试中心化",避免因孩子的注意力过度聚焦而造成巨大压力。

(2)如果压力来自学校环境,那么通常是由于班级、年级的排名以及同学之间的比较造成的。这种问题要根据孩子的具体情况来分别对待。

对于成绩比较好的孩子,他和同样优秀的同学之间的学习水平势均力敌,那么来自同学的压力反而会对他起到激励作用,孩子会更加专注地投入到考试复习过程中。相反,如果孩子成绩相对落后,并且在学习上确实出现了困难,当他感到自己和那些成绩好的同学相差太远时,就容易产生自卑和畏难心理。这时父母一定要注意,千万不要拿"别人家的孩子"作为激励方式,这只会造成孩子逆反或厌学。

你可以尝试和孩子制订纵向比较目标,问问他:"和上一次的自己相比,希望在哪些地方取得进步。"比如,当孩子告诉你,他这次数学没考好时,你发现他卷子中的计算题只错了一道,就可以这样激励他:"这次虽然整体分数不是很理想,但是你计算只错了一道题,进步真是太大了。这次考试前,你把之前的计算错题都练习了,果然很有效啊!"

这样,孩子就会从这个比较中知道,他有能力让自己的进步,而且自己的努力被家长看到了,只要把努力坚持下去,一定会进步更多。

(3)还有一些孩子的压力和他的自身性格有关。如果你

有一个对自己要求严格并且做事容易有压力的孩子,则更需要在平时就注重创造一个让孩子可以适应考试压力的环境。例如,每周末进行一次模拟测验,填答题卡、宣读考试纪律和限时等,都和真实的考试一样,以训练孩子的适应能力。

3. "问"——引导孩子制订合理的考试目标。

"问"指的是通过询问和启发式对话的方法(而非直接的催促和命令)引导孩子思考如何进行考前复习,制订和执行合理的目标和规划。通过本书前面的学习,相信你已经掌握了启发式提问的方法,这不但是引导孩子独立思考自己面对和解决问题的方法,更能调动孩子自主学习的动力。

针对孩子考试准备的启发式提问可以分为以下 5 种。比如,临近考试的时候,妈妈和媛媛就是这样沟通的。

(1)问目标

"媛媛,你们还有多久到期末考试呀?"

"我看看,嗯……还有三周多一点。"

"你希望在这次的期末考中,和你的期中考试相比,取得什么进步啊?"

"我想提高英语写作的分数。还有,期中考的时候数学计算题扣分扣惨了,这次我想把计算分数扳回来。"

"好,我们对比一下期中考试的试卷,订一下这次具体进步的目标好吗?"

"好的!"

(2)问规划

"媛媛,根据这次你给自己订立的期末目标,你打算怎么安排期末复习呢?"

"我想每天专门安排 30 分钟复习英语作文,30 分钟复习错题集上的难点。"

"好,你能把自己的计划做一个时间安排表贴到墙上吗？看看怎么做才能既安排好复习又有锻炼和休息的时间？"

（3）问需求

"宝贝,你复习的时候需要妈妈帮你做些什么呢？"

"我想让您帮我复习一下要背诵的课文,还有我不知道怎么复习数学。"

"好的,你把妈妈需要参与帮助的项目和时间安排也写进计划表吧。"

（4）问准备

"媛媛,明天考试时需要准备哪些用品呢？"

"老师发给我们一个清单,我现在就对照清单去准备。"

"嗯,好方法！"

（5）问注意事项

"媛媛,还记得这次考试过程中你最需要注意什么吗？"

"我要把每道题都读全,不能题还没看完就急着去做,还有做完要检查！"

通过这种启发式问答,孩子就能真正理解到学习是自己的事情,会开始主动根据实际情况思考和制订计划。父母在这期间要起到帮助和支持的作用。

有的家长会问："孩子不会做计划怎么办？"

相当部分孩子一开始对自己的学习状况都不太清晰,难以提出完整、明确的目标和计划,有的孩子可能只会说："我要考 100 分。"（即使他平时的成绩只有 80 分左右）这时,家长不要着急,更不要急着帮孩子做决定,而是要继续引导孩子思考他打算怎么达到这个目标？ 他将要面临的困难是什么？ 优势又是什么？ 逐渐引导孩子学习制订适合自己的目标和复习计划。

4.“切”——根据孩子具体学习水平制订复习计划。

这里讲的“切”指的是根据孩子自身的学习水平、学习能力、学习特点引导孩子制订合理的复习计划。

（1）复习时间要合理：对于低年级的孩子，考试相对比较简单。家长一般可以通过他们日常的作业、小测验的表现把握其期中、期末考试的基本情况。如果孩子能够保证作业和测验的高正确率，对于错题也能做到及时改正和练熟，考试的结果一定是不错的。考前只要安排出一周左右复习时间就足够了，重要的是要确保孩子养成良好的作息规律。

对于小学中、高年级和初中学生，可以根据自身情况和考试难度的增加，相应增长考前复习时间，但是备考时间最多不要超过 1 个月，以避免因间隔时间过长，来不及再次复习，反而容易生疏。相比备考，家长平时就重视帮孩子养成及时、随时复习的习惯反而更加的重要。通过复习，保持对知识掌握的熟练度，并可以找出真正不熟的、掌握不佳的知识点，把这些知识点在备考阶段着重练习。这种方法必然比平时不复习，考前“眉毛胡子一把抓”，能获得更好的效果。

另外，复习时间的安排还要根据孩子自身生物钟的习惯尽量放在精神最好，头脑最清醒的时间。有的孩子睡前记忆效果最佳，有的则喜欢早起的一份清爽，只有运用最佳时间才能获得最有效的学习质量。

最后，考前一定要保持孩子良好的休息和睡眠，万万不要因为复习考试，就让孩子熬夜，缩短睡眠时间。尽量让复习考试期间的生活和平时没太多不一样，既放平孩子心态，又能保持良好的精力，获得事半功倍的效果。

（2）基础一定要抓牢：无论是对学习较好还是成绩相对差的孩子，考前复习的第一步一定要确保基础知识的牢固。这也是很多老师反复和学生强调的问题。

小学阶段的考试题中,基础题、综合题和难题的比例通常为 7∶2∶1。把课本上的基础知识抓牢、理解透,不但能确保考试时获得相对稳定的高分,为学习能力的逐步提升打下坚实的基础,还相当于给信心不足的孩子吃下一颗"定心丸"。他可以放心地告诉自己:"我已经把所有基础题都掌握牢固了,考试一定不会有问题啦。"

(3)错题本上着眼点:除了课本上的基础知识,本书在第四章第三节中介绍的错题整理册,也是考前复习阶段的重要着眼点。家长需要引导孩子在备考时重点检查错题册上是否还有不理解、不熟练的错题。如果有,不但要及时把错题整理册上的错题做熟,还要安排出时间,找一些同类型的题进行练习。

其实,让孩子练熟错题的过程就是弥补知识漏洞的过程。一旦把能够找到的知识漏洞尽可能的补齐,孩子最后的成绩必然差不了。

(4)养成良好做题习惯:良好的做题习惯是考前复习阶段最容易被忽视的地方。很多家长只关注孩子知识掌握的情况,却忽视了孩子在考试时因为注意力习惯不佳而造成所谓的"马虎"丢分,使得考试无法真实地反映孩子学习状况。

很多家长喜欢在考试前不断叮嘱孩子"仔细审题,切忌马虎",但通常效果不大。在紧张的考场上,考查的不仅是孩子对知识掌握的情况,更能反映孩子做题习惯的优劣。如果孩子不能在平时掌握好审题、读题、做题的技巧和程序,在考试时是难以有良好的发挥的。

因此,家长在孩子复习考试期间,不但要和孩子总结出他在知识掌握方面的不足加以练习,更要注意孩子平时最容

易犯哪方面的"马虎"问题，是读题不完整、审题习惯不佳，还是做题容易跳步、抄错数等，要及时协助孩子寻找合适的方法进行练习。本书第四章第三节中已经列出了孩子在做题时最常犯的"马虎"问题和相应的解决策略，家长和孩子可以对号入座，把孩子做题的习惯养成好，才不会在考试中造成丢分的遗憾。

第六章

解决孩子学习问题的五大困惑

前面已详细讲述了 RAPC 动力模型在孩子学习各个方面的运用方法。但是，仍会有不少家长可能在和孩子的互动过程中遇到一些困惑和挑战，下面就针对家长主要反馈的五大困惑，为大家逐一进行详细的补充说明。

困惑一：

尊重了孩子的自主需求，
她写作业为什么还那么磨蹭呢

家长提问：

RAPC 动力模型中提出，要满足孩子的自主需求，这点我非常认同，但是落到我女儿身上，却真的不容易。女儿今年四年级，写作业时总是很磨蹭。别的同学两小时内就能完成的作业，她却经常需要四五个小时，自控力特别差，学习效率也很低。为尊重她的自主需求，像作业清单、作业计划我都是让她自己做，可她却几乎从没按计划完成过。每次看她写作业不专心，我会忍不住催她，她不是对我的话充耳不闻，就是和我顶嘴。我该如何做才能让孩子自觉、专心地写作业呢？

紫月老师解答：

与大多数快被孩子作业拖延问题"搞疯"的爸妈一样，这位妈妈虽期望孩子能够做到主动、自律地学习，但她使用的却是催促、监管、命令、强制等控制性手段，这就形成了一个悖论——用外力控制的方法让孩子自觉、主动地学习。这显然是不可能的，自主学习是孩子由内而生的意愿，一旦使用外力

驱使，"自觉"就永远不可能达成。

写作业是谁的责任？毫无疑问，是孩子的。可着急的又是谁？妈妈。

虽然妈妈看似给予了女儿自主规划作业的权利，但实际上，妈妈内心的那根弦却始终是紧绷的，每一次看到女儿磨蹭拖拉的行为，就会在内心不断酝酿焦虑和火气，直到忍不住去催促、责备。女儿感受到妈妈态度中的操控感和不信任，内心也会积累压力。

在这里，我要纠正家长们的一个执念，你认为自己改变了教育方法，给了孩子"自主权"，她就应该马上改变行为，专心自觉地完成作业。但正是那些"应该""马上"，会使妈妈格外关注女儿表现出的不符合自己期望的行为，忍不住想要去改变孩子的状态，于是所谓的"自主"就这样打了水漂，母女俩都带着一肚子委屈开战。

要想让孩子达成真正的自主，家长首先要暂时放弃心目中的那个"应该"。要知道，孩子习惯的养成必然要经历一个过程，只有当家长给予孩子足够的耐心，允许他们经过适应和不断地调整，逐步靠近目标，这才是孩子习惯养成的常态。

因此，家长在陪伴孩子养成自主学习习惯的初期，首要任务之一，就是做好自己的心理建设，要预估孩子可能会出现的种种行为结果，甚至可以事先想好孩子出现这些行为结果时的对策。

比如，最好的情况是孩子真的能够完成计划的90%，这对于孩子来说已相当于超常发挥了，这时家长千万不要觉得理所当然，而是要看到孩子在坚持计划的过程中做出的努力，并及时给予她鼓励；如果孩子只能完成计划的60%～70%，这也是很正常的。事先有心理预期，家长就不会因此而怒从心

中来。你可以通过坐到孩子身旁，坚持按照你们的约定，适当地给予提醒。告诉他你认为他哪里做得很好，并要给予孩子鼓励和欣赏。然后也要问问他，有什么地方自己感觉做得还不太满意，计划用什么方法去修正。当然，还有一种最差的情况，就是由于孩子适应较慢，他会不住地拖延、走神，只能完成计划的 40% ～ 50%，需要更多的时间来进入状态。这时，家长需要给予孩子适当的空间，帮助他走过最艰难的一段路，一旦孩子渡过这段时间，他的状态就会缓慢回升。

总之，无论孩子完成的情况如何，我们每天都应和他一起做个总结，鼓励他做得好的地方，同时为做得不好的寻找解决方法。这样坚持几天，你就会发现，孩子虽然可能还会磨蹭和挣扎，但状态一定会越来越好。

能事先对孩子的行为有各种预期和对策，不再死抱着那个所谓的"应该"，家长就不会那么容易焦虑、急躁。你会发现，孩子学习的效率会得以大大地提升，自主性也会越来越强。

孩子执行学习计划,总是三分钟热度怎么办

家长提问：

我家孩子最大的问题就是做起事来总是三分钟热度,明明制订好的学习计划,完成度却总是忽好忽坏。比如,他昨天表现得就很好,不但按时去写作业,作业正确率也比平时高。我在为儿子的进步感到高兴之余,也不免担心他这种好状态究竟能保持多久。于是,我鼓励他说:"妈妈希望天天都能看到你有这样的表现!"果然,今天我回到家就发现他躺在沙发上看电视,作业又是一点没做,催了他半天,才不情不愿地去写。怎么才能让孩子在学习时,不只是心血来潮,而是能真正地坚持完成呢?

紫月老师解答：

这位妈妈的提问中透露出两个信息:一是妈妈心里常有一个标准,就是孩子只有"每天都坚持做好"才叫进步,一次做好,只是心血来潮;二是在妈妈的内心深处其实并不真正信任孩子有改变的力量,因而总会把目光放在担心孩子无法坚持的行为上。

其实,恰恰就是家长的不信任,让孩子的努力难以维持。要知道,在你们眼里孩子看似心血来潮的行为,背后可能是他经过无数次自我激励、尽全力抵御各种诱惑的结果。

每个孩子的内心，都有努力学习、获得成就的愿望。但是玩具、电视和游戏对很多孩子来说，诱惑力实在太大了，他必须通过一次又一次抵抗诱惑（其中相当多的情况还是抵抗失败的），极力克制住自己想要玩下去的欲望，咬紧牙关坐在书桌前去学习。所以，当孩子有一天终于战胜自己，挣扎着收起玩具，并高质量地完成了作业，这是一个多么了不起的改变呀！

这时孩子内心最渴望获得的是什么？当然是被看到！不仅是希望自己高效完成作业的这个结果能被看到，更渴望妈妈能觉察到自己在这个过程中，做出每一份坚持，克服困难的努力，并且在抵制诱惑后，能够与人分享那种好不容易收获的成就感。

作为父母，我们能捕获到孩子的这份渴望吗？想象一下，如果你们仅仅把目光盯在"要天天坚持做到"这个最终目标上，而却忽视了孩子在"这一次做好"背后的付出和艰辛，孩子可能会想："我这么累、这么辛苦才终于做到的，你们却一点也不高兴，我究竟要做得多好你们才会开心呢？我太难了。"

这时，作为父母的一项重要工作，并不仅是为孩子完成一个长远目标而摇旗呐喊，而是要先聚焦于孩子这一次的行为，让孩子从他的每一分努力中都看到希望，每一次哪怕是微小的改变中都获得喜悦和力量。怎么做呢？你可以用以下的方式对孩子表达你对他改变的关注。

1. 聚焦于改变的行为。

"你今天时间一到就准时去写作业了，时间掌握得比闹钟还准，而且作业写得比昨天快了将近半小时。效率好高啊！"

2. 聚焦于改变的努力。

"今天15分钟刚到，你就放下乐高去写作业了，乐高那么好玩,有时妈妈都忍不住想多玩一会儿,你却能抵抗住诱惑、先去写作业,这个过程你是怎么坚持下来的? 特别想去玩的时候,你是怎么抵制诱惑的? 能和妈妈分享一下吗?"

3. 聚焦于改变的成就。

"先把作业都做完,还写得这么好,然后尽情地去玩,这种感觉怎么样? 和之前的先玩再学有什么不同? 是不是特有成就感,还有无事一身轻的那种开心?"

这种积极的关注,就好比为孩子期望努力学习的这一份意念,注入了力量,使孩子内心的天平又向着主动学习这一端倾斜了一下。至于明天他是否能够继续坚持,能坚持多久,这是孩子自己的事情,需要他继续设法抵制诱惑、做出选择。虽然孩子仍然有可能"斗争"失败,但正如本书第三章所说的,一个习惯的养成,需要相当长的一段时间,中间出现的任何曲折、反复、进两步退一步的情况都是正常的,是孩子在不断成长进步过程中的必经之路。

困惑三：

孩子总喜欢和比自己差的人比怎么办

家长提问：

我女儿8岁,特别喜欢和比自己差的同学做比较,每次考试或者做什么事情,她总是会说谁谁谁考得比自己差、做得没有自己好,或者班上谁谁谁作业都是家长做的、听写没有做老师也不管,等等。为什么她从不和比自己好的同学比较呢？

紫月老师解答：

这个问题提得特别有意思,孩子为什么总是喜欢和比自己差的同学比,而不是和好的比呢？其实大部分家长只看到了表面现象,却忽略了现象背后,孩子真正的心理需求。

8岁的孩子正处于自我价值的认知建立阶段,她需要通过不断和同龄人进行比较,来发现自己的优势。通过这种方式,孩子将会建立起比较正向的自我评价,这将使她在以后的成长道路上可以更有自信地融入群体当中。所以,孩子愿意和比自己差的人进行比较,本身是一种很正常的行为。

当然,如果一个孩子总是自觉不自觉地进行"向下比较",也可能是她期望通过向家长展示自己的优势或正向行为,来获得家长对她的认可和肯定。作为家长,需要先检查一下自己是不是平时对孩子批评或责备过多,而对孩子的努力和进步肯定却较少呢？

也有些父母平时或许并未拿孩子去和别人比较，但是想想看，孩子考完试，你是否会很关注她在班里的排名？当你批评她的时候，是否喜欢用"你怎么总是管不住自己？""你怎么又磨蹭？"等这种特质性的评价来督促她？虽然你们的初衷是期望孩子能够做得更好，但有时说话的语气和方式很可能让孩子理解为："爸爸妈妈认为我不够好，我总是不能让他们感到满意。"

为了维护正向的自我价值，孩子会用本能的反抗来表明自己其实已经做得很好，因为"还有很多人不如我呢"。这时你们会发现，其实孩子和父母内心的期望是一样的，都希望能够取得进步、做得出色。只不过孩子倾向于不断进行自我认同，而家长则忙于为孩子寻找目标、树立榜样。

如何正确使用比较的方法，来激励孩子进步呢？这里给你们两点建议。

◆ 纵向比较，专注改变。

建议家长们平时在引导孩子学习的时候，先去和孩子一起分析下他比上一次在哪些地方进步了，进步了多少。例如，"这次考试计算题很有进步啊，上次错了3道，这次只错了1道。"当孩子知道，他的努力能够被家长关注到，内心就很容易获得改进的力量。

下一步，你可以和孩子讨论他在哪些地方还没有做好，接下来要怎么做才能减少这一类的错误。当孩子真正感受到你在就事论事地和她讨论改进问题的措施，而不是批判她的错误时，孩子就会把目光放在专心修正问题上，而不是找理由回避问题。

◆ 对努力过程的比较。

人的成长离不开比较，只有通过比较，才能了解自己在群

体中的位置,发现自身的优势和短板,激励自己不断地学习和提高。然而,关键就在于要怎么比和比什么?

举个例子:有一天,一位妈妈带女儿路过公园的英语角,发现有个和女儿差不多大的女孩可以用一口标准的英语流利地和在场的外国人交流。这时,如果妈妈希望激励女儿能同样学好英语,她要怎么说呢?

如果只是对女儿说:"你看人家和你差不多大,英语说得多好! 你要向人家学习哦!"你猜女儿听了,会因此受到激励、好好学习吗?

并不能! 为什么呢?

首先,妈妈夸别的孩子好,在女儿听来,言外之意是你不够好、不够优秀。孩子要么会感到自卑,要么则会产生妒忌或逆反心理,这些都不能鼓励孩子做出向别人学习的行为。其次,妈妈把女儿和别的孩子做比较,比的是什么呢? 是一个结果,或者说是英语说得好的表现。但她却没有告诉女儿,你要怎样才能学好英语。这很容易让孩子在一个高远又模糊的期望中退缩,感到自己没能力做到。

所以,这位妈妈是怎样做的呢? 她带着女儿走到那个英语说得好的孩子身旁,和那个女孩以及她的妈妈聊了起来,她问那个女孩是怎么学英语的? 学了多久? 过程中一定遇到了很多困难吧? 是怎么克服的? 遇到瓶颈时,又是如何坚持的?

那么,当妈妈在和别人聊天的时候,女儿有没有在听呢?答案是肯定的。其实孩子也会好奇,别人是怎么把英语学好的,所以她一定会竖着耳朵听。当她发现别人也会遇到和她一样的困难,但是对方通过努力和坚持克服了困难的时候,她一定会受到激励:"哦,原来每个人都会遇到困难。别人能做到的,我也一定能!"

妈妈在回家的路上才对女儿说:"看来每个人在学英语时,都要克服很多困难,才能真正说得好。宝贝,你愿不愿意也学习一些方法,努力坚持下去,到时候像小姐姐说得一样好呢?"

这时,孩子一定是愿意的。为什么呢? 因为妈妈强调的不是一个结果,而是如何努力学习和遇到困难时坚持下去的过程。孩子受到鼓励,又有了具体的方法,这个比较就非常成功了。

其实这就是利用了教育心理学中同伴观察学习的理论。让孩子通过自觉地观察和比较,了解那些和自己有相似性的人,有哪些榜样行为是适宜的、值得模仿和借鉴的。几乎所有孩子都会不自觉地学习那些和自己相像的人身上成功、优秀的方面。这种方法可以用到孩子平时学习、生活的各个方面,让孩子通过和同伴之间的合作学习,取长补短,既影响他人,更带动自己的能力,从而获得真正的竞争力。

困惑四：

花钱给孩子补课,成绩却为何上不去

家长提问:

我儿子上初三了,每次考试,在班级排名中总是第15～20名。为了帮他提升成绩,我给他报了课外班进行补课,但两个月过去,成绩却不见提高。这孩子貌似很努力,实则却不下功夫,还不许别人说他成绩差,一说就生气。他学习不上心,一逮到机会就玩游戏、看电视,最近还迷上了一部名叫《斗罗大陆》的动画视频。我们根本制止不住,他脾气暴躁,我也不敢多说,请问老师有什么建议呢?

紫月老师解答:

首先说说"花钱给孩子补课为什么不管用"这个问题。根据本书提出的"期望—目标"四步法,首先需要家长进行思考的是,通过让孩子上补习班来实现成绩提升这一目标的条件是什么。

条件一:孩子自己有意愿提升学习成绩。

条件二:孩子了解自己的学习现状,并有与之相匹配的改变现状的成绩提升目标。例如,长期的中考目标、期末考试目标、落实到每个月的月考目标,可以在什么地方提升、具体提升多少分算达标等。

条件三:孩子了解自己的学习现状,并有与提升目标相匹配的提升方案。例如,孩子知道自己目前学习的长板和短板,在不同的短板处,各需要什么样的提升方案,哪种短板最容易提升(例如某一单元的数学知识属于听得懂,但是不熟练,可以通过每日固定的练习来提升)? 哪种短板提升难度较大,需要更多地巩固基础或进行补习等。

条件四:孩子自己认可通过上补习班来提升成绩的方式,并明确了解自己需要通过补课,在哪方面获得提升。

补课不是目的,而是工具和手段。只有对补课有明确的认知和方向,才能在孩子学习能力提升的过程中,起到真正的作用。

家长在给孩子报名补习班之前,没有和孩子一起确定以上这几件事,那么你就需要思考一下,报补习班这件事,究竟是为了满足你的需要,还是孩子自己的需要。如果孩子自己并不认为需要上补习班,并且对学习成绩提升缺乏具体的目标和方案,即使他非常希望改善自己的学习成绩,但劲儿却不知该如何使,补课的效果也会难以呈现。

建议家长可以按照以上列出的 4 个条件,和孩子进行一次沟通,了解孩子对他目前学习状况的想法和感受,并且要对孩子的学习状况进行分析,讨论并制订他下一步的学习目标和方案,然后,再决定是否需要上补习班,以及需要在哪方面进行补习。

其次,我们再来看看家长说的"孩子貌似努力,实则对学习不上心"的问题。真的如问题所说的那样吗? 这个 15 岁的男孩,他的成绩应该在班里是中等偏上的水平,客观来讲,并不能用"差"来形容。爸妈口中的"成绩差",应该是把孩子的当前水平与他们期望中更好的中考目标做比较而言的。

孩子是否真的对学习不上心呢? 显然,并非如此,否则他

不会在意父母是否说他成绩差,更不会生气。事实上,当考试成就没有能够达到孩子对自己的既定目标时,他同样会有非常强烈的失落感。

尤其对于青春期的孩子,随着大脑快速发展,他们的思维方式变得更加复杂,加上体内激素变化的影响,使得这个时期的孩子需要比儿童期的孩子花费更多的时间去处理负面情绪的波动和内心的挫败感。所以,与其说他对"学习不上心",不如说,孩子可能陷入了既缺乏提升学习成绩的方法,又难以面对成绩不佳而产生的挫败和困境,这或许才是他脾气暴躁的根本原因。

要帮助孩子从这种困境中走出来,家长需要用鼓励、支持和欣赏,代替之前的批评和催促。

其实这个孩子身上有个很重要的关键点,就是他爱看《斗罗大陆》的动画视频。这个动画讲述了一个年轻人经过各种历练,修炼为神,最终打败邪恶力量的故事。很多时候,孩子喜欢看的视频、喜欢玩的游戏,都会反映出一个心理期望。比如,很多男孩梦想成为英雄,并期望通过重重考验和冒险历程,最终超越自己。这说明孩子的内心一直存在一股想要努力向上的力量。

如果父母能够细心发现孩子身上存在的这种力量,并给予他更多的接纳,了解孩子喜欢的东西,甚至尝试陪孩子一起看视频,听一听他喜欢的故事中的人物究竟好在哪里。你就能从他玩的游戏和小说人物身上,找到激励他的关键点和对待困难的方法。

当孩子觉得你接纳他,并看到了他的优势,这时你再和他去讨论如何寻找提升成绩的方法,他才能真正在现实生活中开启属于他自己的英雄之旅,把精力投入实现自己目标的学习上。

孩子做完题不爱检查怎么办

家长提问：

我儿子开学就要上四年级了，成绩处于中上水平，老师说他知识掌握得不错，就是做题图快、写完不爱检查，结果就导致考试时有很多不该出错的地方扣分。写作业也是这样，通常都是我给他检查，如果赶上我加班、来不及给他检查时，他的作业就很可能因字迹潦草或错题过多而被老师留下罚抄。我本想通过这种自然惩罚的方式，让他知道检查作业的重要性，可挨罚归挨罚，他该不检查还是不检查。因为这事，我和孩子发过好几次脾气，我该怎么说服孩子养成做完题检查的习惯呢？

紫月老师解答：

做完题不检查，这可能是在小学生群体中普遍存在的一个问题。家长在面对这种情况时，千万不要靠着"劝"和"逼"，而是要先找到孩子做完题不检查背后的原因。

孩子之所以不愿意检查作业，通常有以下 3 个原因。

1. 已形成依赖，认为家长会帮自己检查。

很多家长总担心孩子的作业出错，因此会非常尽责地帮孩子检查，甚至会在孩子做作业的过程中，随时指出孩子作业中的错误，让他改正。这样不但干扰了孩子写作业时的注意力，还会让他产生了一种依赖性，认为检查作业是家长的任

务,和自己无关。同时,被家长检查后改正的作业,成绩通常都不错,这会让孩子产生一种错觉,认为自己的作业没有问题,自然无法形成做完题要检查的意识。

2. 不知道该如何检查。

我曾问过一个孩子为什么不愿意检查作业,他撇撇嘴说:"检查作业太费时间了,很烦!"我又问他,妈妈是怎么教他检查作业的。他告诉我,就是要他把做过的题重新算一遍。我一听,大体就知道孩子为什么会讨厌检查了。用这种方法检查作业,基本上相当于让孩子把作业重做一遍,既枯燥又低效,更不要说在考试时,让孩子把所有题重做一遍,这几乎是不可能的。

3. 认为只要不检查,就不会有错误。

有一部分孩子会有这样的想法:如果查出错误,就要重新修改,就会没有时间玩了。所以,只要不检查,就不会发现错误,自然就不需要去修改了。

总的来说,不少孩子都认为检查不但枯燥无趣、耽误时间,还容易使自己产生挫败感。然而,让孩子在做完题后,能够认真核对、查漏补缺是非常重要的学习习惯,但这个习惯形成的前提,是要教会孩子如何检查,并且让他从检查中获得益处。

什么样的检查方法,能够让孩子有效掌握,并获得益处呢?通常来说,有效的检查方法包括以下 3 点。

(1)统查全局,查漏补缺:指的是让孩子看一下他是否做完了所有的题目,有没有漏掉没做的题,或者在计算后忘记写结果、应用题忘写"答"等。尤其是在考试过程中,答完卷后做总体核查,可以避免因为丢题、落数,而大面积丢分。

(2)关注难点,集中攻破:孩子在作业和考试过程中遇到困难或没有把握的题时,比较好的方法是先在题上标出记号,等完成其他题目后,再反过来花时间专门攻克这类标记号的题,变换方式重新演算、核对。这种集中攻克的方式,通常会取得比较好的效果。

(3)核查易错项,提升正确率:这种检查的重点,是对孩子平时总结出的最容易出错的项目,进行有针对性的核查。这要依赖于我们平时引导孩子及时复盘考试、作业中的错题,总结孩子的易错题和易错项,除了平时要加强练习外,在下次作业和考试中,也要作为重点检查的对象。比如,有的孩子很容易在列竖式计算时忘记进位,那么在考试时,可以专门检查这类题目,以提升正确率。

最后,咱们再来说一下,家长要不要帮孩子检查作业的问题。总体上讲,检查作业是孩子自己的责任,家长应尽量不要全面介入孩子的作业,以免孩子产生依赖心理。同时,也要具体问题具体分析。对于刚入学的低龄孩子,或者学习习惯比较差的孩子,家长可以适当介入、辅助检查。但是,事先要明确自己帮孩子检查的目的,绝不只是为了保证孩子作业的正确率,而是为孩子做一个如何检查作业的示范。在这个过程中,家长可以引导孩子参与进来,比如先让孩子看看他有没有落做的项目?有没有抄错的题目等,如果孩子认真检查,并找出问题,要及时鼓励孩子。

一旦孩子了解了检查的流程,家长就需要及时退出,把辅助检查变为辅助抽查,从而逐步放手。最后,为了让孩子看到做完题检查的益处,家长还需要及时为孩子强化他检查的效果。比如,孩子今天做完题后主动检查了作业,并且第二天作业发下来分数很不错,家长在给予孩子肯定的同时,还要让孩子看到检查作业的好处,为他积极学习的行为增添一份获得感,逐渐养成孩子真正自主学习的能力。